数学の**かんどころ** 25

早わかり ベクトル解析

3つの定理が織りなす華麗な世界

澤野嘉宏 著

共立出版

編集委員会

飯高　　茂　　（学習院大学名誉教授）
中村　　滋　　（東京海洋大学名誉教授）
岡部　恒治　　（埼玉大学名誉教授）
桑田　孝泰　　（東海大学）

本文イラスト

飯高　　順

「数学のかんどころ」
刊行にあたって

　数学は過去，現在，未来にわたって不変の真理を扱うものであるから，誰でも容易に理解できてよいはずだが，実際には数学の本を読んで細部まで理解することは至難の業である．線形代数の入門書として数学の基本を扱う場合でも著者の個性が色濃くでるし，読者はさまざまな学習経験をもち，学習目的もそれぞれ違うので，自分にあった数学書を見出すことは難しい．山は1つでも登山道はいろいろあるが，登山者にとって自分に適した道を見つけることは簡単でないのと同じである．失敗をくり返した結果，最適の道を見つけ登頂に成功すればよいが，無理した結果諦めることもあるであろう．

　数学の本は通読すら難しいことがあるが，そのかわり最後まで読み通し深く理解したときの感動は非常に深い．鋭い喜びで全身が包まれるような幸福感にひたれるであろう．

　本シリーズの著者はみな数学者として生き，また数学を教えてきた．その結果えられた数学理解の要点（極意と言ってもよい）を伝えるように努めて書いているので読者は数学のかんどころをつかむことができるであろう．

　本シリーズは，共立出版から昭和50年代に刊行された，数学ワンポイント双書の21世紀版を意図して企画された．ワンポイント双書の精神を継承し，ページ数を抑え，テーマをしぼり，手軽に読める本になるように留意した．分厚い専門のテキストを辛抱強く読み通すことも意味があるが，薄く，安価な本を気軽に手に取り通読して自分の心にふれる個所を見つけるような読み方も現代的で悪くない．それによって数学を学ぶコツが分かればこれは大きい収穫で一生の財産と言

えるであろう．

　「これさえ摑めば数学は少しも怖くない，そう信じて進むといいですよ」と読者ひとりびとりを励ましたいと切に思う次第である．

編集委員会と著者一同を代表して

飯高　茂

はじめに

　本書の目的はベクトル解析の3つの定理を証明し，種々の応用を提示することにある．

　ベクトル解析の基本定理は，グリーンの定理，ストークスの定理，ガウスの定理であり，多くの読者はこの3つの定理を理解するためにベクトル解析を学習していると言っても過言ではなかろう．

　ベクトル解析として開講されている多くの講義において，修得するべき内容は，ベクトル場の演算子とこの三定理だけにもかかわらず，この課目は鬼門とされている．それは，実際に定理を使うためには背景のいろいろな基礎的な定理を理解する必要があるのだが，それらを理解していないために，学生には正しい結論に至ることが難しいと思われている，という事情があると著者は考えている．

　このような理由から，本書ではこれらの定理を紹介する際に，証明は非常に単純な図形，関数に限った．数学においてはこのように特殊な場合のみを証明するだけでは，定理の証明としては不十分である．そこで，本書の後半で厳密な証明を与えた．必要となるであろう積分に関する基礎事項はベクトル解析の三定理の「厳密な」証明の直前に詳細に記した．大学によって，学部によってこれらの内容の理解度，学習度が違うであろうからこれらの部分は必要に応じて適宜補ってほしい．

2014年3月

澤野嘉宏

目　　次

はじめに　v

第 1 章　平面図形の積分　　1
    1.1　座標平面と基本的な図形　2
    1.2　いろいろな図形　10
    1.3　曲線と領域　13
    1.4　平面図形上の積分　23
    1.5　章末問題　27

第 2 章　空間図形の積分　　29
    2.1　空間ベクトル　30
    2.2　空間曲線　34
    2.3　空間曲面　40
    2.4　空間図形上の積分　58
    2.5　章末問題　61

第 3 章　グリーンの定理　　65
    3.1　三角形に対するグリーンの定理　66
    3.2　グリーンの定理　69
    3.3　グリーンの定理の計算例と応用例　69
    3.4　章末問題　70

第4章 ベクトル場，スカラー場　73

- 4.1 勾配　74
- 4.2 3次元ベクトル場の発散　75
- 4.3 3次元ベクトルの回転　76
- 4.4 章末問題　77

第5章 ストークスの定理　79

- 5.1 外向き単位法線ベクトル　80
- 5.2 三角形に対するストークスの定理　80
- 5.3 ストークスの定理　84
- 5.4 ストークスの定理の計算例と応用例　88
- 5.5 章末問題　88

第6章 ガウスの定理　91

- 6.1 三角錐に対するガウスの定理　92
- 6.2 ガウスの定理　98
- 6.3 ガウスの定理の計算例と応用例　100
- 6.4 章末問題　103

第7章 図形の性質についての考察　105

- 7.1 平面図形の境界点　106
- 7.2 座標平面における開集合と閉集合　107
- 7.3 有界集合とコンパクト集合　109

第8章 積分についての考察　115

- 8.1 関数の一様連続性　116
- 8.2 平面図形上で定義された関数の積分　120
- 8.3 空間図形上で定義された関数の積分　126

第9章　積分の定義の再考 **129**

    9.1　曲線の長さと線積分　　130

    9.2　面積分　　135

    9.3　グリーンの定理の証明　　150

第10章　ベクトル解析の応用 **153**

    10.1　完全形の微分方程式　　154

    10.2　回転数　　162

    10.3　逆写像の公式　　164

第11章　ジョルダンの曲線定理 **169**

    11.1　ジョルダンの曲線定理　　170

    11.2　局所定数関数　　172

    11.3　C_c^∞-級写像　　173

    11.4　双対鎖写像　　175

    11.5　ジョルダンの曲線定理の証明　　179

問題の解答　　183

索引　　193

第 1 章

平面図形の積分

　本書では空間図形と平面図形が重要な役割を果たす．
　本章では平面図形を分類する．本書で現れる図形が勢ぞろいするが，平面図形とその上での積分が理解できている読者は軽く復習する程度で十分であろう．

1.1　座標平面と基本的な図形

🌿 座標平面

　図形を考察するときに，2つの数字を入れて考察する．つまり，適当に基準点となる原点を決めて，x 座標，y 座標を入れて，図形を記述する．この考え方は中学校で習っており，ごくごく普通の考え方であるが，ベクトル解析において，何かを計算したいときは座標を介して行う必要があるために，特に重要な概念である．

定義 1.1　**座標平面**

(1) 実数 x, y の対を並べた (x, y) を点とみなし，これらの集まりを座標平面といい，$\mathbb{R}^2$ と表す．(x, y) を点の座標ともいう．

(2) $(x, y) \in \mathbb{R}^2$ によって，(x, y) は座標平面上の点であることを表す．

　ベクトルの中でもゼロベクトル $\vec{0} = (0, 0)$ と基本ベクトル $(1, 0)$, $(0, 1)$ は重要である．

定義 1.2　**基本ベクトル**

　$\vec{e_1} = (1, 0), \vec{e_2} = (0, 1)$ で，座標平面の基本ベクトルを表すことにする．

🍂 直線

平面図形のうちで基本的なのは直線なので，初めに直線の表し方をまとめておこう．

例 1.3　直線

直線は次の形で表されることが多い．
(1) 1 次関数のグラフとして，$y = ax + b$ とする．
(2) 2 元 1 次方程式の与える図形として，$ax + by = c$ とする．
(3) a を定数として，$x = a$ と表せば，これは y 軸に平行なグラフとなる．
(4) b を定数として，$y = b$ と表せば，これは x 軸に平行なグラフとなる．
(5) x_0, y_0, a, b を定数として，$(a,b) \neq (0,0)$ とする．媒介変数やパラメータと呼ばれる t を用いて，$x = x_0 + at, y = y_0 + bt$ と表す．

$P(x_1, y_1), Q(x_2, y_2), R(x_3, y_3)$ を与えられた座標平面 $\mathbb{R}^2$ 上の 3 点とする．（ただし，P, Q, R のうちいくつかが同じ場合も考える．）
たとえば，x_1, x_2 が異なるとすると，直線 PQ の方程式は

$$y = \frac{y_2 - y_1}{x_2 - x_1}(x - x_1) + y_1$$

で与えられる．また，$x_1 = x_2$ とすると，直線 PQ の方程式は

$$x = x_1$$

で与えられる．実数 a, b, c, d に対して，$\begin{pmatrix} a & b \\ c & d \end{pmatrix}$ は 2×2 行列を表すが，その行列式 $\det \begin{pmatrix} a & b \\ c & d \end{pmatrix}$ は実数値 $ad - bc$ を表す．

> **命題 1.4** **三角形の面積**
>
> $P(x_1, y_1)$, $Q(x_2, y_2)$, $R(x_3, y_3)$ とするとき,△PQR の面積 S は,行列式と絶対値を用いて,
>
> $$S = \frac{1}{2}\left|\det\begin{pmatrix} x_2 - x_1 & y_2 - y_1 \\ x_3 - x_1 & y_3 - y_1 \end{pmatrix}\right| \tag{1.1}$$
>
> である.

[証明] $\overrightarrow{PQ} = (x_2 - x_1, y_2 - y_1), \overrightarrow{PR} = (x_3 - x_1, y_3 - y_1)$ であるから,

$$\|\overrightarrow{PQ}\|^2 = (x_2 - x_1)^2 + (y_2 - y_1)^2$$
$$\|\overrightarrow{PR}\|^2 = (x_3 - x_1)^2 + (y_3 - y_1)^2$$
$$\overrightarrow{PR} \cdot \overrightarrow{PQ} = (x_3 - x_1)(x_2 - x_1) + (y_3 - y_1)(y_2 - y_1)$$

である.よって,

$$\|\overrightarrow{PQ}\|^2 \|\overrightarrow{PR}\|^2 - (\overrightarrow{PQ} \cdot \overrightarrow{PR})^2$$
$$= \left((x_2 - x_1)^2 + (y_2 - y_1)^2\right)\left((x_3 - x_1)^2 + (y_3 - y_1)^2\right)$$
$$\quad - \left((x_3 - x_1)(x_2 - x_1) + (y_3 - y_1)(y_2 - y_1)\right)^2$$
$$= (y_3 - y_1)^2(x_2 - x_1)^2 + (x_3 - x_1)^2(y_2 - y_1)^2$$
$$\quad - 2(x_3 - x_1)(x_2 - x_1)(y_3 - y_1)(y_2 - y_1)$$
$$= \left((y_3 - y_1)(x_2 - x_1) - (x_3 - x_1)(y_2 - y_1)\right)^2$$

となる.△PQR の面積 S は

$$S = \frac{1}{2}\|\overrightarrow{PQ}\|\,\|\overrightarrow{PR}\|\sin\angle QPR$$

で与えられるが,一般に $\sin^2\theta + \cos^2\theta = 1$ が成り立つから,ベクトルの長さと内積で,

$$S = \frac{1}{2}\sqrt{\|\overrightarrow{PQ}\|^2\|\overrightarrow{PR}\|^2 - (\overrightarrow{PQ}\cdot\overrightarrow{PR})^2}$$

で与えられ，

$$\begin{aligned}S &= \frac{1}{2}\sqrt{((y_3-y_1)(x_2-x_1)-(x_3-x_1)(y_2-y_1))^2}\\&= \frac{1}{2}|(y_3-y_1)(x_2-x_1)-(x_3-x_1)(y_2-y_1)|\\&= \frac{1}{2}\left|\det\begin{pmatrix}x_2-x_1 & y_2-y_1\\x_3-x_1 & y_3-y_1\end{pmatrix}\right|\end{aligned}$$

となる． □

　平面図形の中でも三角形を扱うことが多々あるが，3 点を与えただけでは，その 3 点が三角形の頂点をなすとは限らない．そこで，実際に三角形の頂点をなすための必要十分条件を与えておこう．

命題 1.5 　**3 点が同一直線上にあるための条件**

　$P(x_1, y_1), Q(x_2, y_2), R(x_3, y_3)$ が同一直線上にはないための必要十分条件は $\det\begin{pmatrix}x_2-x_1 & y_2-y_1\\x_3-x_1 & y_3-y_1\end{pmatrix} \neq 0$ である．この対偶を取ると，3 点 P, Q, R が一直線上にあるための必要十分条件は $\det\begin{pmatrix}x_2-x_1 & y_2-y_1\\x_3-x_1 & y_3-y_1\end{pmatrix} = 0$ である．

[証明]
(1) P, Q, R が一直線上にあると仮定する．

　(1.1) $x_1 = x_2, y_1 = y_2$ のときは，

$$\det\begin{pmatrix}x_2-x_1 & y_2-y_1\\x_3-x_1 & y_3-y_1\end{pmatrix} = \det\begin{pmatrix}0 & 0\\x_3-x_1 & y_3-y_1\end{pmatrix} = 0$$

である．

(1.2) $x_1 = x_2$, $y_1 \neq y_2$ のときは，直線 PQ は $x = x_1$ と表せるから，$x_3 = x_1$ となり，

$$\det \begin{pmatrix} x_2 - x_1 & y_2 - y_1 \\ x_3 - x_1 & y_3 - y_1 \end{pmatrix} = \det \begin{pmatrix} 0 & y_2 - y_1 \\ 0 & y_3 - y_1 \end{pmatrix} = 0$$

である．

(1.3) $x_2 \neq x_1$ のとき，直線 PQ は $y = \dfrac{y_2 - y_1}{x_2 - x_1}(x - x_1) + y_1$ であるから，$y_3 = \dfrac{y_2 - y_1}{x_2 - x_1}(x_3 - x_1) + y_1$ つまり

$$(y_3 - y_1)(x_2 - x_1) - (y_2 - y_1)(x_3 - x_1) = 0$$

である．よって，

$$\det \begin{pmatrix} x_2 - x_1 & y_2 - y_1 \\ x_3 - x_1 & y_3 - y_1 \end{pmatrix} = 0$$

である．

(2) $\det \begin{pmatrix} x_2 - x_1 & y_2 - y_1 \\ x_3 - x_1 & y_3 - y_1 \end{pmatrix} = 0$ と仮定する．$x_2 \neq x_1$ の場合は先ほどの議論を逆に辿れば，点 P, Q, R が一直線上にあるとわかる．$x_2 = x_1$ の場合は

$$\det \begin{pmatrix} x_2 - x_1 & y_2 - y_1 \\ x_3 - x_1 & y_3 - y_1 \end{pmatrix} = -(y_2 - y_1)(x_3 - x_1) = 0$$

となる．よって，$y_2 = y_1$ もしくは $x_3 = x_1$ である．$y_2 = y_1$ ならば，P = Q だから，P, Q, R は同一直線上にある．$x_3 = x_1 (= x_2)$ ならば，P, Q, R は直線 $x = x_1$ 上にある． □

三角形が与えられたとき，ベクトル解析ではその三角形の辺を周回する状況を考えることが多い．頂点を一つ決めたときに，時計回

りと反時計回りのどちら向きに回るのかを識別することは重要である．向きを逆にすると計算結果の符号が変わってしまうからである．反時計回りに回るとき，正の向きに回ると定義する．

命題 1.6　三角形の向き

座標平面内の 3 点 $P(x_1, y_1), Q(x_2, y_2), R(x_3, y_3)$ が互いに異なるとする．P, Q, R, P の順番に $\triangle PQR$ の周を回ると，正の向きになるための必要十分条件は

$$\det \begin{pmatrix} x_2 - x_1 & y_2 - y_1 \\ x_3 - x_1 & y_3 - y_1 \end{pmatrix} > 0 \tag{1.2}$$

である．

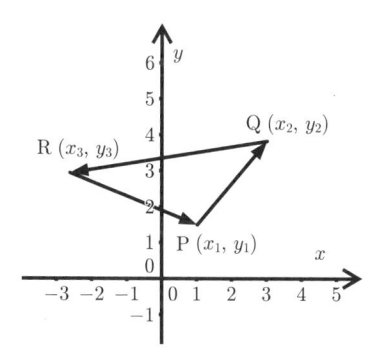

[証明]　P, Q, R, P の順番で回ると正の向きになるとする．

(1) $x_1 < x_2$ の場合，図の様な P, Q につき，R はこの直線より上側にあるから，

$$y_3 > \frac{y_2 - y_1}{x_2 - x_1}(x_3 - x_1) + y_1$$

である．これを整理して，式 (1.2) が得られる．

(2) $x_1 > x_2$ の場合，図の様な P,Q につき，R はこの直線より右側にあるから，

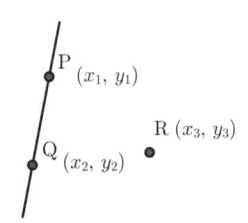

$$y_3 < \frac{y_2 - y_1}{x_2 - x_1}(x_3 - x_1) + y_1$$

である．これを整理して，式 (1.2) が得られる．

(3) $x_1 = x_2, y_1 > y_2$ の場合，$x_3 > x_1$ であるから，

$$\det \begin{pmatrix} x_2 - x_1 & y_2 - y_1 \\ x_3 - x_1 & y_3 - y_1 \end{pmatrix} = -(y_2 - y_1)(x_3 - x_1) > 0$$

である．

(4) $x_1 = x_2, y_1 < y_2$ の場合，$x_3 < x_1$ であるから，

$$\det \begin{pmatrix} x_2 - x_1 & y_2 - y_1 \\ x_3 - x_1 & y_3 - y_1 \end{pmatrix} = -(y_2 - y_1)(x_3 - x_1) > 0$$

である. □

ここまで，公式を見てきたのであるが，公式を棒暗記するのは大変苦痛である．実際の例を通じて，不等号の向きと今までの考察や例からわかることが符合しているかを確認してみよう．

例 1.7　三角形の正の向き

$P(0,0), Q(1,0), R(0,1)$ に対して，

$$\det \begin{pmatrix} x_2 - x_1 & y_2 - y_1 \\ x_3 - x_1 & y_3 - y_1 \end{pmatrix} = \det \begin{pmatrix} 1 & 0 \\ 0 & 1 \end{pmatrix} = 1$$

であるから，P, Q, R, P の順番に $\triangle PQR$ の周を回ると，確かに正の向きになる．

🌿 円

直線は平面図形の中で最も簡単なものであるが，次に重要な円の性質に関して見ていくことにしよう．円といっても円の内部を考えているのか，周を考えているのか，もしくはその両方を考えているのかをはっきりさせることからはじめたい．

本書では $\leq$ は小なりイコール，$\geq$ は大なりイコールを表す．

定義 1.8　座標平面における円

a, b を実数とする．また，$r > 0$ を実数とする．

(1) $(x-a)^2 + (y-b)^2 = r^2$ を (a,b) を中心とする半径 r の円周という．これを $C((a,b), r)$ で表す.

(2) $(x-a)^2 + (y-b)^2 \leq r^2$ を (a,b) を中心とする半径 r の（閉）円板という．これを $\overline{B}((a,b),r)$ で表す．

(3) $(x-a)^2 + (y-b)^2 < r^2$ を (a,b) を中心とする半径 r の（開）円板という．これを $B((a,b),r)$ で表す．

(4) r を大きくとることで，$B((0,0),r)$ の部分集合とみなせる集合を有界集合という．

例 1.9 円

$x^2 + y^2 - 6x - 6y = 7$ は中心が $(3,3)$ で半径が 5 の円を表す．P $= (3,3)$ とすれば，$C(\mathrm{P}, 5)$ ということになる．

円 $C((a,b),r)$ の表示には $x = a + r\cos\theta$, $y = b + r\sin\theta$ と表示する方法も習ったと思う．このような表示はパラメータ表示といわれる．後述するように本書でもパラメータ表示は重要な役割を果たす．

1.2 いろいろな図形

今までは直線と円を考察してきたが，図形はほかにも楕円，双曲線，放物線，正方形，多角形など実にいろいろなものがある．ここでは図形を広い意味でとらえ，平面図形の定義を次のように与える．

定義 1.10　平面図形

平面上の点の集まりを一般に平面図形もしくは単に図形という．つまり，$\mathbb{R}^2$ の部分集合を図形という．

図形の例はたくさんある．高校数学で扱った図形は，本書で扱う図形としては簡単なものである．

例 1.11　長方形

$[a,b]$ は $a \leq x \leq b$ となる実数 x を表す．区間 $[a,b]$ と $[c,d]$ の積 $[a,b] \times [c,d]$ は直積といい，(x,y) と実数の対で，$x \in [a,b]$ と $y \in [c,d]$ を満たしていることを表す．つまり，$[a,b] \times [c,d]$ は $a \leq x \leq b$, $c \leq y \leq d$ を満たしている実数 x,y の対 (x,y) である．これは長方形を表す．$[a,b] \times [c,d]$ は決して，$a \leq x \leq c$, $b \leq y \leq d$ を表すわけではない．

例 1.12　放物線

a は 0 ではない実数とする．

(1) $y = ax^2$ は y 軸を軸とした放物線を表す．

(2) $4ax = y^2$ は頂点が $(0,0)$ で焦点が $(a,0)$ の放物線を表す．

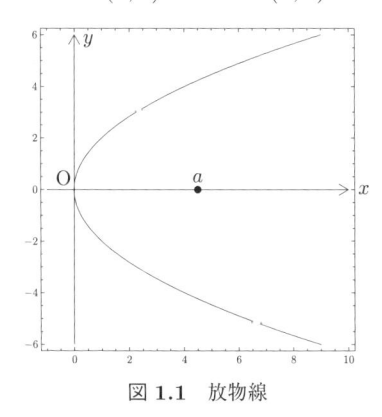

図 1.1　放物線

(3) $x^2 = 4ay$ は頂点が $(0,0)$ で焦点が $(0,a)$ の放物線を表す．

図 1.2　放物線 2

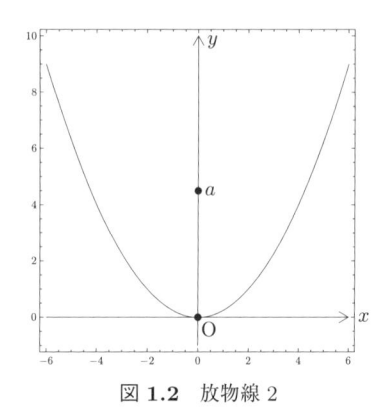

例 1.13　**楕円**

a, b は 0 ではない実数とする．$\dfrac{x^2}{a^2} + \dfrac{y^2}{b^2} = 1$ は楕円を表す．$a > b > 0$ ならば，長軸の長さが $2a$ で，短軸の長さが $2b$ である．

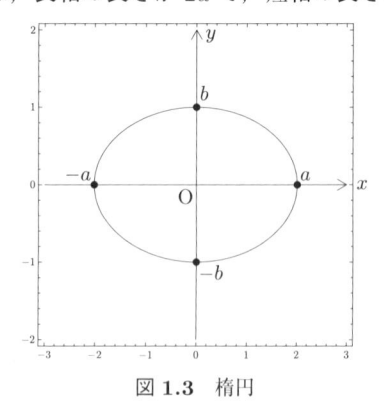

図 1.3　楕円

例 1.14　**双曲線**

a, b は 0 ではない実数とする．

(1) $xy = a$ は各座標軸を漸近線とする双曲線である．$a > 0$ のときは，$(\sqrt{a}, \sqrt{a})$ と $(-\sqrt{a}, -\sqrt{a})$ が頂点で，$a < 0$ のときは，$(\sqrt{-a}, -\sqrt{-a})$ と $(-\sqrt{-a}, \sqrt{-a})$ が頂点である．

(2) $-\dfrac{x^2}{a^2} + \dfrac{y^2}{b^2} = 1$ は $(0, \pm b)$ を頂点，$y = \pm \dfrac{b}{a} x$ を漸近線とする双曲線である．

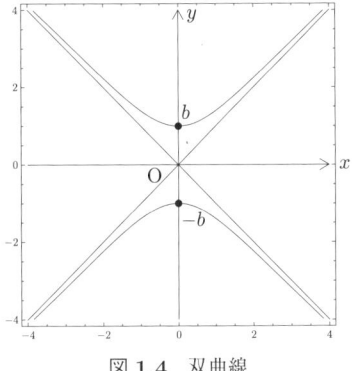

図 1.4 双曲線

(3) $\dfrac{x^2}{a^2} - \dfrac{y^2}{b^2} = 1$ は $(\pm a, 0)$ を頂点,$y = \pm \dfrac{b}{a} x$ を漸近線とする双曲線である.

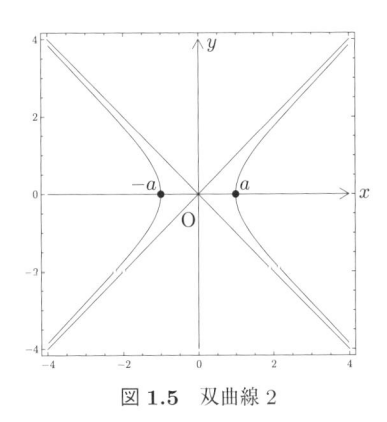

図 1.5 双曲線 2

1.3 曲線と領域

　円を一つとっても,周を考えているのか,内部を考えているのか,もしくはその両方を考えているのかで違う対象を扱うことになるが,当面は図形が与えられたときの周を考えることからはじめた

い．周は一般に曲線である．曲線を記述する用語を並べていこう．

🌿 C^1-級関数

曲線を考えるときに，速度ベクトルなどを考えることが多い．速度を考えるためには微分が必須である．実用的な図形のかなり多くは定義方程式が微分可能で，かつ導関数も連続になっている．ただし，正方形のような「かど」[*]のある図形は境界の曲線が微分可能であるというのは強すぎる仮定である．そこで，正方形の境界なども記述できるようにするべくパラメータによる次の定義を与える．ここでまず考えるのは，曲線を $\gamma(t) = (x(t), y(t))$ と表したときに，$x(t), y(t)$ の満たすべき性質である．

定義 1.15 C^1-級関数，区分的に C^1-級関数
(1) 開区間 (a,b) で定義された連続関数 $f : (a,b) \to \mathbb{R}$ が C^1-級であるとは，関数 f の導関数 f' が存在して，f, f' が連続であることをいう．
(2) 閉区間 $[a,b]$ で定義された連続関数 $f : [a,b] \to \mathbb{R}$ が C^1-級であるとは，関数 f の導関数 f' が存在して，f, f' が連続であることをいう．ただし，$x = a, b$ においては，片側導関数を考える．
(3) 閉区間 $[a,b]$ で定義された連続関数 $f : [a,b] \to \mathbb{R}$ が区分的に C^1-級であるとは，閉区間 $[a,b]$ の分割 $\{x_j\}_{j=0}^{N}$ が存在して，f を各小閉区間 $[x_{i-1}, x_i]$ で考えると，C^1-級であることをいう．

ここで，有限個の点の集合 $\Delta = \{x_j\}_{j=0}^{N}$ が閉区間 $[a,b]$ の分割で

---

[*] 例として，$|x| + |y| = 1$ は $(1,0)$ を「かど」としてもつ．

あるとは，$a = x_0 < x_1 < \cdots < x_N = b$ が成り立つことである．

例 1.16

多項式関数 $a_0 x^n + a_1 x^{n-1} + \cdots + a_n, \sin x, \cos x, \tan x, \log x$ などはそれぞれの定義域で考えると，C^1-級関数である．

区分的に C^1-級であるという概念は折れ線を考えるときに役に立つ．三角形は基本的な図形であるが，折れ線から構成されていると考えられるので，区分的に C^1-級という概念が必要になる．

例 1.17

$f(t) = |t|$ は $[-1, 1]$ で区分的に C^1-級である．しかし f は $(-1, 1)$ では微分可能ではないので，C^1-級ではない．

例 1.18

1回微分可能であるからといって，C^1-級とは限らないので注意しよう．実際に，

$$f(t) = \begin{cases} t^2 \sin \dfrac{1}{t} & (t \neq 0 \text{ のとき}) \\ 0 & (t = 0 \text{ のとき}) \end{cases}$$

とおくとき，特に $t = 0$ では微分の定義に戻って，

$$f'(t) = \begin{cases} -\cos \dfrac{1}{t} + 2t \sin \dfrac{1}{t} & (t \neq 0 \text{ のとき}) \\ 0 & (t = 0 \text{ のとき}) \end{cases}$$

だから，f は微分可能だがその導関数は $t = 0$ で連続ではない．

平面曲線

曲線は $\gamma(t) = (\gamma_1(t), \gamma_2(t))$，もしくは，パラメータを省いて γ

$= (\gamma_1, \gamma_2)$ と表せると説明したが，t の関数 γ_1, γ_2 がある性質をもっているとき，曲線自体がその性質をもっていると考えられる．

定義 1.19　平面曲線

$\mathbb{R}$ の区間 I から，$\mathbb{R}^2$ への写像 $\gamma = (\gamma_1, \gamma_2)$ を一般に平面曲線もしくは単に曲線という．このようにして与えられる曲線に対して，さらに次の定義を与える．

(0) $\gamma(a), \gamma(b)$ をそれぞれ始点，終点という．

(1) 写像 γ つまり γ_1 と γ_2 が両方連続な場合は連続曲線という．

(2) 同様にして，C^1-級曲線などの概念も定める．特に，$\gamma = (\gamma_1, \gamma_2) : [a,b] \to \mathbb{R}^2$ が区分的に C^1-級であるとは，閉区間 $[a,b]$ の分割 $\Delta = \{t_j\}_{j=0}^N$ が存在して，各 $j = 1, 2, \ldots, N$ に対して，γ を $[t_{j-1}, t_j]$ に制限すると，C^1-級であることである．

(3) 始点と終点が一致する曲線を閉曲線という．ただし，C^1-級閉曲線とは $\gamma'(a) = \gamma'(b)$ をも満たしている C^1-級曲線を意味する．

線分は直線の部分であるから，曲線とは言いがたいかもしれないが，定義によると曲線の一つと考えられる．

例 1.20　向きが入った曲線としての線分

$P(x_0, y_0), Q(x_1, y_1)$ を 2 点とするとき，$t \in [0,1]$ に対して，$\gamma(t) = ((1-t)x_0 + tx_1, (1-t)y_0 + ty_1)$ と定めると，γ は C^1-級曲線である．このように始点，終点を指定した線分を向き付けられた線分という．この曲線を以後，$P \to Q$（「P 矢印 Q」または「P から Q」と読む）で表す．

曲線のもつ量として重要なものの一つに長さがある．これは次のようにして定義される．

定義 1.21　平面曲線の長さ

区分的に C^1-級である曲線 $\gamma = (\gamma_1, \gamma_2) : [a,b] \to \mathbb{R}^2$ の長さ $L(\gamma)$ を $L(\gamma) = \displaystyle\int_a^b \sqrt{\gamma_1'(t)^2 + \gamma_2'(t)^2}\,dt$ と定める．

次に曲線の接線を考察しよう．

定義 1.22　正則曲線

$\gamma = (\gamma_1, \gamma_2) : [a,b] \to \mathbb{R}^2$ を変数 t の実数値関数 γ_1, γ_2 による C^1-級曲線とする．γ が正則とは，すべての $t \in [a,b]$ に対して，$(\gamma_1'(t), \gamma_2'(t)) \neq (0,0)$ が成り立つことである．

上述の P $\to$ Q が正則であるための必要十分条件は P $\neq$ Q である．

$\gamma_1(t)$ を $\gamma_1(t_0) + (t-t_0)\gamma_1'(t_0)$ で，$\gamma_2(t)$ を $\gamma_2(t_0) + (t-t_0)\gamma_2'(t_0)$ と近似して考えると，$t - t_0$ における接線が得られる．

定義 1.23　平面曲線の接線

$\gamma = (\gamma_1, \gamma_2) : [a,b] \to \mathbb{R}^2$ を C^1-級正則曲線とする．$t_0 \in [a,b]$ に相当する点の接線を実数 t によるパラメータ表示

$$\begin{cases} x = x(t) = \gamma_1(t_0) + (t-t_0)\gamma_1'(t_0) \\ y = y(t) = \gamma_2(t_0) + (t-t_0)\gamma_2'(t_0) \end{cases}$$

で定義する．

領域

図形の周を記述することができるようになったところで，今度は図形の内部，つまり境界を除いた部分を考えることにしよう．図形が離れている場合は多くは別々に図形を考察すればよいわけであるが，まずは，図形が離れていない，一つの図形であるということから定義していくことにしよう．

定義 1.24　弧状連結集合

図形 A が弧状連結であるとは，任意の点 $p, q \in A$ に対して連続関数 $\gamma : [0,1] \to A$ が存在して，$\gamma(0) = p, \gamma(1) = q$ が成立することである．

つまり，弧状連結集合とは任意の集合内の 2 点はその集合内の連続曲線で結べることを意味している．

例 1.25

$x < 1$ と $x > 2$ を合併して得られる図形は弧状連結ではない．実際に，2 点 $(0,0)$ と $(3,0)$ を結ぶ連続曲線 $\gamma(t) = (x(t), y(t))$，$t \in [0,1]$ があったとすると，中間値の定理により，$x(t) = 2$ となる $t \in [0,1]$ があるはずであるが，x 座標が 2 になるような図形上の点は無いので，この図形は弧状連結ではないことがわかる．

図形の内部の性質を記述する用語としてもう一つ重要なものは凸という概念である．

定義 1.26　凸集合

$\mathbb{R}^2$ 内の平面図形 Ω が凸集合であるとは，任意の Ω 内の 2 点 $(x_1, y_1), (x_2, y_2) \in \Omega$ および $0 < t < 1$ なるすべての実数 t について，$(1-t)(x_1, y_1) + t(x_2, y_2) \in \Omega$ となることである．

つまり，凸集合とは任意の集合内の2点をとり，線分を考えるとその線分は集合内にあることを意味している．

例 1.27

$\mathbb{R}^2$ 上の点 $(0,0), (0,1), (4,4), (-1,1), (0,0)$ をこの順番に直線で結んで得られる曲線の囲む，境界を含めた多角形は凸ではない．実際に，2点 $(0,0)$ と $(4,4)$ の中点 $(2,2)$ を含んでいないからである．

定義 1.28　領域

弧状連結な開集合を領域という．つまり，次の条件を満たしているときに，$D \subset \mathbb{R}^2$ を領域という．
(1) D は境界点を一切含まない．すなわち D は開集合である．
(2) 各 $(a,b), (c,d) \in D$ に対して，2つの連続関数

$$X, Y : [0,1] \to \mathbb{R}$$

が存在して，
　(2.1) 各 $t \in [0,1]$ に対して，$(X(t), Y(t)) \in D$
　(2.2) $X(0) = a, Y(0) = b, X(1) = c, Y(1) = d$
が成り立つことである．

補集合が開集合となる集合を閉集合という．2次元の領域の例を挙げておこう．

例 1.29

開円板 $D = B((0,0), 1)$ は領域である．境界点は一切含んでいないので，(1) は満たされている．(2) を確認しよう．$0 \le t \le 1$, $(a,b) \in D$, $(a^*, b^*) \in D$ が与えられたとき，$X(t) = t a^* + (1-t)a$, $Y(t) = t b^* + (1-t)b$ とおく．定義1.28の条件 (2.1)

をたしかめよう．コーシー・シュワルツの不等式 $aa^* + bb^* \leq \sqrt{a^2 + a^{*2}}\sqrt{b^2 + b^{*2}}$ から，条件 (2.1) にあたる

$$X(t)^2 + Y(t)^2$$
$$= t^2(a^2 + a^{*2}) + 2t(1-t)(aa^* + bb^*) + (1-t)^2(b^2 + b^{*2})$$
$$< t^2 + 2t(1-t)\sqrt{a^2 + a^{*2}}\sqrt{b^2 + b^{*2}} + (1-t)^2 < 1$$

が得られて，また，$X(t), Y(t)$ の定義から条件 (2.2) に相当する $(X(0), Y(0)) = (a, b), (X(1), Y(1)) = (a^*, b^*)$ が成り立つ．同じ要領で，境界のない円板 $B(\mathrm{P}, r)$ は中心 P と半径 r によらずすべて領域であるとわかる．

例 1.30

正方形 $D = (0, 1)^2$ は領域である．境界点は一切含んでいないので，(1) は満たされている．(2) を確認しよう．$(a, b) \in D$, $(a^*, b^*) \in D$ が与えられたとき，$X(t) = ta^* + (1-t)a, Y(t) = tb^* + (1-t)b$ とおくことで，$0 < X(t) < 1, 0 < Y(t) < 1$, $(X(0), Y(0)) = (a, b), (X(1), Y(1)) = (a^*, b^*)$ が成り立つ．同じ要領で，境界のない正方形，もっと一般に長方形は中心と辺の長さによらずにすべて領域であるとわかる．

平面曲線に沿った線積分

本項では線積分に関して考察する．線積分は力学，熱力学，電磁気学において重要な役割を果たす道具である．たとえば，ポテンシャルの勾配ベクトルを線積分して，エネルギーの増分を計算できる．

$U \subset \mathbb{R}^2$ を開集合とするとき，$C^1(U)$ を U 上の C^1-級関数全体のなす線形空間とする．

定義 1.31　平面曲線に沿った線積分

領域 U と区分的 C^1-級曲線 $\gamma = (\gamma_1, \gamma_2) : [a, b] \to U$ によってパラメータ付けされる曲線 C が与えられているとする．U で定義されている関数 $P(x,y), Q(x,y), R(x,y)$ に対して，3 種類の積分を次のように定義する．

$$(i) \int_C P(x,y)\,dx = \int_a^b P(\gamma_1(t), \gamma_2(t))\gamma_1'(t)\,dt$$

$$(ii) \int_C Q(x,y)\,dy = \int_a^b Q(\gamma_1(t), \gamma_2(t))\gamma_2'(t)\,dt$$

$$(iii) \int_C R(x,y)\,ds$$
$$= \int_a^b R(\gamma_1(t), \gamma_2(t))\sqrt{\gamma_1'(t)^2 + \gamma_2'(t)^2}\,dt$$

上述の $\int_C$ の記号の用法について，C が閉曲線であるときは，周回している状況を強調して $\oint_C$ と表す．また，関数の対 $(p, q) = (p(x,y), q(x,y))$ に対して，

$$\int_C (p, q) \cdot d\overrightarrow{r} = \int_C p(x,y)\,dx + q(x,y)\,dy$$

と表す．

---

dx, dy は置換積分の要領で変換することにより計算ができる．このように覚えておけば，線積分の定義がわかりやすいであろう．$\int_C f(x,y)\,dx$ と $\int_C f(x,y)\,dy$ は x, y の方向だけを見て，正負を加味している積分なのに対して，$\int_C f(x,y)\,ds$ は移動距離を純粋に足し算している積分ということになる．また例えば，P, Q, R, P の順番に三角形の辺を伝っていくことで得られる経路 C に対して線積分を実行すると，一般に

$$\oint_C f(x,y)\,dx$$
$$= \int_{\mathrm{P}\to\mathrm{Q}} f(x,y)\,dx + \int_{\mathrm{Q}\to\mathrm{R}} f(x,y)\,dx + \int_{\mathrm{R}\to\mathrm{P}} f(x,y)\,dx$$

と書ける．dx を dy, ds で置き換えてもよい．

🍂 線積分の計算例

線積分の計算の注意点をまとめる．

【ア】 与えられた曲線に正しいパラメータを与える．向きが違うと符号が反対になるので注意すること．

【イ】 計算の際に dx, dy を正しく変換すること．

線積分の計算例を見てみよう．

例 1.32

曲線 C として $C: x^2+y^2=a^2, a>0$（反時計回りに一周）を考える．次の線積分 $I = \oint_C x\,dy - y\,dx$ の値を計算しよう．曲線を $x = a\cos t, y = a\sin t$ と表す．注意点【ア】，【イ】を具体的に確認する．

【ア】 $x = a\cos t, y = a\sin t, 0 \leq t \leq 2\pi$ とすれば，(x,y) は t が増大すると，反時計周りとなる．ただし，$x = a\sin t, y = a\cos t, 0 \leq t \leq 2\pi$ とすれば，(x,y) は t が増大すると，時計周りとなるために，後者のパラメータはここでは適用できない．

【イ】（正しく）$x = a\cos t, y = a\sin t, 0 \leq t \leq 2\pi$ とするとき，$dx = -a\sin t\,dt, dy = a\cos t\,dt$ である．また $x = a\cos t, y = a\sin t$ も代入することになる．

よって，$I = \displaystyle\int_0^{2\pi} (a^2\cos^2 t + a^2\sin^2 t)\,dt = 2\pi a^2$ となる．

【注意】 周回積分の場合は始点をどのように選んでも同じ積分値が得られる．

例 1.33

$\gamma = (\gamma_1, \gamma_2) : [a, b] \to \mathbb{R}^2$ を区分的に C^1-級曲線とする．C が γ によって与えられるとする．合成関数の微分の公式

$$\frac{d}{dt} f(\gamma_1(t), \gamma_2(t))$$
$$= \frac{\partial f}{\partial x}(\gamma_1(t), \gamma_2(t))\gamma_1'(t) + \frac{\partial f}{\partial y}(\gamma_1(t), \gamma_2(t))\gamma_2'(t)$$

より，

$$\int_C \frac{\partial f}{\partial x}(x,y) dx + \frac{\partial f}{\partial y}(x,y)\, dy$$
$$= \int_a^b \left(\frac{\partial f}{\partial x}(\gamma_1(t), \gamma_2(t))\gamma_1'(t) + \frac{\partial f}{\partial y}(\gamma_1(t), \gamma_2(t))\gamma_2'(t) \right) dt$$
$$= [f(\gamma_1(t), \gamma_2(t))]_a^b = f(\gamma(b)) - f(\gamma(a))$$

となる．

1.4 平面図形上の積分

ここでは積分に関しては詳論しないが，平面図形に対して積分が定義されていて，つぎの定理が成り立つことを確認しておこう．ここで，平面図形 D に対して，特性関数 χ_D （カイディー）とは

$$\chi_D(x, y) = \begin{cases} 1, & (x, y) \in D, \\ 0, & (x, y) \notin D \end{cases}$$

で与えられる関数である．

> **定理 1.34**

$f : \mathbb{R}^2 \to \mathbb{R}$ を連続関数とし，$K \subset [a,b] \times [c,d]$ を区分的に C^1-級の曲線で与えられる境界をもつ領域とその境界の合併集合とするとき，つまり，$a \leqq x \leqq b, c \leqq y \leqq d$ をみたす x, y が K に属さないとき，$\chi_K(x,y)f(x,y) = 0$ なので

$$\iint_K f(x,y)\, dx\, dy = \int_a^b \left(\int_c^d \chi_K(x,y) f(x,y)\, dy \right) dx$$

が成り立つ．特に K が連続関数 $\varphi, \psi : [a,b] \to [c,d]$ を用いて，

$$K = \{(x,y) : a \leq x \leq b,\ \varphi(x) \leq y \leq \psi(x)\}$$

と表されるならば，

$$\iint_K f(x,y)\, dx\, dy = \int_a^b \left(\int_{\varphi(x)}^{\psi(x)} f(x,y)\, dy \right) dx$$

となる．

極座標変換は本書を通じてよく使う．公式として $dx\, dy = r\, dr\, d\theta$ と憶えておくとよい．

> **定理 1.35** （平面）極座標変換

$R > 0$ とする．連続関数 $f : \mathbb{R}^2 \to \mathbb{R}$ に対して，

$$\iint_{x^2+y^2 \leq R^2} f(x,y)\, dx\, dy = \int_0^R \left(\int_0^{2\pi} f(r\cos\theta, r\sin\theta) r\, d\theta \right) dr$$

が成り立つ．

例 1.36

積分計算を累次積分，つまり 1 変数の積分を繰り返す方法として計算するときは，やりやすい順で積分すればよい．その例として

$$I = \iint_{[0,1]^2} ye^{xy} \, dx \, dy = \iint_{[0,1]\times[0,1]} ye^{xy} \, dx \, dy$$

を計算してみよう．この場合は初めに，x で積分するのがよい．y で積分しようとすると，x^{-1} が出てくる部分積分をしなくてはいけないからである．つまり，y を定数としてみて，x について積分するのが上策である．より具体的には

$$I = \int_0^1 \left(\int_0^1 ye^{xy} \, dx \right) dy$$

と変形しておく．この変形を用いて，

$$I = \int_0^1 [e^{xy}]_0^1 \, dy = \int_0^1 (e^y - 1) \, dy = [e^y - y]_0^1 = e - 2$$

と計算される．

例 1.37

積分 $I = \iint_{\overline{B((0,0),1)}} (1 - \sqrt{x^2 + y^2}) \, dx \, dy$ を計算しよう．極座標変換の公式より，$x = r\cos\theta, y = r\sin\theta, 0 \leq r \leq 1, 0 \leq \theta \leq 2\pi$ と変換した場合に，一般の連続関数 f につき

$$\iint_{x^2+y^2 \leq 1} f(x,y) \, dx \, dy = \iint_{[0,1]\times[0,2\pi]} f(r\cos\theta, r\sin\theta) r \, dr \, d\theta$$

である．したがって，$I = \int_0^{2\pi} \left(\int_0^1 (1-r)r \, dr \right) d\theta$ と変形して，

$$I = 2\pi \int_0^1 (1-r)r \, dr = 2\pi \left[\frac{r^2}{2} - \frac{r^3}{3} \right]_0^1 = \frac{\pi}{3}$$ である．

極座標変換をする際に，初学者が間違えやすいのは r, θ の満たす範囲である．次の例を通じて見てみよう．

例 1.38

$D = \{(x,y) \in \mathbb{R}^2 : x^2 + y^2 \leq x\}$ とする．積分

$$I = \iint_D (3 - 4\sqrt{x^2 + y^2})\, dx\, dy$$

を計算しよう．定理 1.34 と同じ発想によって，

$$I = \iint_{\{(x,y)\in\mathbb{R}^2 : x^2+y^2\leq 1\}} \chi_D(x,y)(3 - 4\sqrt{x^2+y^2})\, dx\, dy$$

と書き表される．やはり極座標変換するが，今回は極座標変換の 2π 周期性に注意して，

$$x = r\cos\theta, y = r\sin\theta, 0 \leq r \leq 1, -\pi \leq \theta \leq \pi$$

と変換する．ただし，円は $x < 0$ の領域にはないので，

$$x = r\cos\theta, y = r\sin\theta, 0 \leq r \leq 1, -\frac{\pi}{2} \leq \theta \leq \frac{\pi}{2}$$

と考えて構わない．条件 $-\frac{\pi}{2} \leq \theta \leq \frac{\pi}{2}$ を $-\pi \leq \theta \leq \pi$ としがちだから気をつけよう．条件式 $x^2+y^2 \leq x$ は $r^2\cos^2\theta + r^2\sin^2\theta \leq r\cos\theta$ と変換される．これを整理すると，$0 \leq r \leq \cos\theta$ となる．$0 \leq r \leq \cos\theta$ も $0 \leq r \leq 1$ としがちなので気をつけよう．以上より，

$$\begin{aligned}
I &= \int_{-\frac{\pi}{2}}^{\frac{\pi}{2}} \left(\int_0^{\cos\theta} 3r - 4r^2\, dr \right) d\theta \\
&= \int_{-\frac{\pi}{2}}^{\frac{\pi}{2}} \left(\frac{3\cos^2\theta}{2} - \frac{4\cos^3\theta}{3} \right) d\theta \\
&= \frac{3}{4}\pi - \frac{16}{9}
\end{aligned}$$

となる．

1.5 章末問題

問題 1.1

次の 2 重積分を求めよ．

(1) $\displaystyle\int_0^1 \left(\int_1^2 (x-y)\,dy\right) dx$

(2) $\displaystyle\int_2^4 \left(\int_1^{x^2} \frac{x}{y^2}\,dy\right) dx$

(3) $\displaystyle\int_0^3 \left(\int_0^{2-\frac{2x}{3}} \left(1 - \frac{x}{3} - \frac{y}{2}\right) dy\right) dx$

(4) $\displaystyle\int_0^2 \left(\int_0^{\sqrt{4-x^2}} (4 - x^2 - y^2)\,dy\right) dx$

問題 1.2

次の（広義）積分 $\displaystyle\int_0^1 \left(\int_{x^2}^1 \frac{e^y}{\sqrt{y}}\,dy\right) dx$ を求めよ．

問題 1.3

次の積分

$$I = \iint_{x^2 + y^2 \leq 4x} (-x)\,dx\,dy$$

を求めよ．ただし，必要に応じて自然数 m に対し，

$$\int_0^{\frac{\pi}{2}} \cos^{2m}\theta\,d\theta = \frac{2m-1}{2m} \times \frac{2m-3}{2m-2} \times \cdots \times \frac{1}{2} \times \frac{\pi}{2}$$

を用いて構わない．

第 2 章

空間図形の積分

　1 章に引き続き，空間図形を分類して，そこでの積分を扱う．空間図形では積分の種類が格段に増えるため，積分の種類にも注意しながら計算ができるようになってほしい．

2.1 空間ベクトル

一般にベクトルとは数字をいくつか並べて得られるものである．2つ並べることで，縦と横を記述できたが，3つ並べれば，縦と横と高さを記述できる．

座標空間

まずは，空間を定義することから始めよう．

定義 2.1　座標空間
(1) 実数 x, y, z を並べた (x, y, z) を点とみなし，これらの集まりを座標空間といい，$\mathbb{R}^3$ と表す．
(2) (x, y, z) は座標空間上の点であることを意味する．

ゼロベクトル $\vec{0} = (0, 0, 0)$ 以外に重要なベクトルは次のものである．

定義 2.2　基本ベクトル
$\vec{e_1} = (1, 0, 0), \vec{e_2} = (0, 1, 0), \vec{e_3} = (0, 0, 1)$ で，座標空間の基本ベクトルを表すことにする．

図形の定義も平面に倣って，ここでは図形を広い意味で捉える．

定義 2.3　空間図形
座標空間の点の集まりを一般に空間図形（もしくは）図形という．つまり，$\mathbb{R}^3$ の部分集合を図形という．

3変数の世界においては空間図形が主役である．空間図形の例は後で詳述する．空間図形は空間曲線と空間曲面の2つに大別される．

ベクトルの外積

2次元のときと同様に，3次元の積分を考えるときにベクトルと行列が必要となるので，今度は3次行列に関して考える．

定義 2.4　3次行列式

3×3 行列 $A = \begin{pmatrix} a_1 & a_2 & a_3 \\ b_1 & b_2 & b_3 \\ c_1 & c_2 & c_3 \end{pmatrix}$ の行列式 $\det(A)$ を

$$a_1 b_2 c_3 + a_2 b_3 c_1 + a_3 b_1 c_2 - a_1 b_3 c_2 - a_2 b_1 c_3 - a_3 b_2 c_1$$

と定める．$\det(A)$ の代わりに

$$\det A,\ \det \begin{pmatrix} a_1 & a_2 & a_3 \\ b_1 & b_2 & b_3 \\ c_1 & c_2 & c_3 \end{pmatrix},\ \begin{vmatrix} a_1 & a_2 & a_3 \\ b_1 & b_2 & b_3 \\ c_1 & c_2 & c_3 \end{vmatrix}$$

と表すことも多い．

表記の違いは誤解が無いように都合よく使い分けるのがよい．仮に，$\begin{vmatrix} a_1 & a_2 & a_3 \\ b_1 & b_2 & b_3 \\ c_1 & c_2 & c_3 \end{vmatrix}$ と書いたとしても，決して $\begin{pmatrix} |a_1| & |a_2| & |a_3| \\ |b_1| & |b_2| & |b_3| \\ |c_1| & |c_2| & |c_3| \end{pmatrix}$ の意味ではないので，注意しよう．

定義 2.5　ベクトルの外積

空間ベクトル (a_1, a_2, a_3), (b_1, b_2, b_3) の外積

$$(a_1, a_2, a_3) \times (b_1, b_2, b_3)$$

を

$$(a_1, a_2, a_3) \times (b_1, b_2, b_3)$$
$$= (a_2 b_3 - a_3 b_2, a_3 b_1 - a_1 b_3, a_1 b_2 - a_2 b_1) \tag{2.1}$$

で定める．すなわち，基本ベクトルと行列式の言葉で書くと，

$$(a_1, a_2, a_3) \times (b_1, b_2, b_3) = \det \begin{pmatrix} \vec{e_1} & \vec{e_2} & \vec{e_3} \\ a_1 & a_2 & a_3 \\ b_1 & b_2 & b_3 \end{pmatrix} \tag{2.2}$$

とすることで外積の定義 $(a_1, a_2, a_3) \times (b_1, b_2, b_3)$ が得られる．

式 (2.2) を形式的にサラス展開をすれば，

$$(a_1, a_2, a_3) \times (b_1, b_2, b_3) = \det \begin{pmatrix} \vec{e_1} & \vec{e_2} & \vec{e_3} \\ a_1 & a_2 & a_3 \\ b_1 & b_2 & b_3 \end{pmatrix}$$
$$= a_2 b_3 \vec{e_1} + a_3 b_1 \vec{e_2} + a_1 b_2 \vec{e_3} - a_3 b_2 \vec{e_1} - a_1 b_3 \vec{e_2} - a_2 b_1 \vec{e_3}$$

が得られる．基本ベクトルの定義式を代入すれば，

$$(a_1, a_2, a_3) \times (b_1, b_2, b_3) = (a_2 b_3 - a_3 b_2, a_3 b_1 - a_1 b_3, a_1 b_2 - a_2 b_1)$$

が得られる．このようにして流れを追って行けば，サラス展開の計算方法から簡単にベクトルの外積を計算できる．

定理 2.6　ベクトルの外積の性質

$\vec{a} = (a_1, a_2, a_3), \vec{b} = (b_1, b_2, b_3), \vec{c} = (c_1, c_2, c_3)$ を空間ベ

クトルとするとき，次の性質が成り立つ．

(1) $\vec{a} \times \vec{b} = -\vec{b} \times \vec{a}$

(2) $(\vec{a} \times \vec{b}) \cdot \vec{c} = \det \begin{pmatrix} a_1 & a_2 & a_3 \\ b_1 & b_2 & b_3 \\ c_1 & c_2 & c_3 \end{pmatrix}$

(3) $\vec{a} \times \vec{b} \perp \vec{a}, \vec{b}$ である．つまり，外積ベクトル $\vec{a} \times \vec{b}$ は 2 つのベクトル $\vec{a}, \vec{b}$ の両方に直交している．

(4) $\vec{a} \times \vec{b}$ の大きさは $\vec{a}$ と $\vec{b}$ の張る平行四辺形の面積である．

(1) からわかるように外積では交換法則 $\vec{a} \times \vec{b} = \vec{b} \times \vec{a}$ は成り立たない．(4) の公式をビネ・コーシーの公式という．

[証明]

(1) 外積の定義 (2.1) より明らかである．

(2) 外積の定義の書き換え (2.2) より明らかである．

(3) (2) より明らかである．

(4) (a_1, a_2, a_3) と (b_1, b_2, b_3) の張る平行四辺形の面積 S は正弦定理を用いればわかるように

$$\|(a_1, a_2, a_3)\|^2 \cdot \|(b_1, b_2, b_3)\|^2 - ((a_1, a_2, a_3) \cdot (b_1, b_2, b_3))^2$$
$$= (a_1{}^2 + a_2{}^2 + a_3{}^2)(b_1{}^2 + b_2{}^2 + b_3{}^2) - (a_1 b_1 + a_2 b_2 + a_3 b_3)^2$$

に等しい．これを具体的に計算すると，

$$\begin{aligned} S &= a_1{}^2 b_2{}^2 + a_1{}^2 b_3{}^2 + a_2{}^2 b_1{}^2 + a_2{}^2 b_3{}^2 + a_3{}^2 b_1{}^2 + a_3{}^2 b_2{}^2 \\ &\quad - 2(a_1 b_1 a_2 b_2 + a_2 b_2 a_3 b_3 + a_1 b_1 a_3 b_3) \\ &= \left| \det \begin{pmatrix} a_1 & a_2 \\ b_1 & b_2 \end{pmatrix} \right|^2 + \left| \det \begin{pmatrix} a_2 & a_3 \\ b_2 & b_3 \end{pmatrix} \right|^2 + \left| \det \begin{pmatrix} a_3 & a_1 \\ b_3 & b_1 \end{pmatrix} \right|^2 \end{aligned}$$

となる． □

2.2　空間曲線

空間曲線の定義と例

空間内にも曲線を考えることができるが，成分の数が増えただけで，平面曲線と同じ方法で空間曲線の諸概念を定義する．

定義 2.7　パラメータ付けされた空間曲線
(1) 区間から $\mathbb{R}^3$ への写像を一般に空間曲線という．C^1-級曲線などの概念も平面曲線と同様に定義する．
(2) 上記の写像の像も空間曲線という．
(3) 空間曲線 γ の成分を $\gamma(t) = (\gamma_1(t), \gamma_2(t), \gamma_3(t))$ と表す．$(\gamma_1'(t), \gamma_2'(t), \gamma_3'(t)) \neq (0, 0, 0)$ が γ の定義域のすべての点 t で成り立つときに，γ を正則曲線という．

空間曲線を面と面の交わりとして定義する方法もある．

定義 2.8　陰関数表示された空間曲線
座標空間の点を $\boldsymbol{x} = (x, y, z)$ と略記する．
(1) $F(\boldsymbol{x}) = 0$, $G(\boldsymbol{x}) = 0$ で表されている空間図形を（陰関数表示された）空間曲線という．
(2) 上記の空間曲線において，F, G は $\mathbb{R}^3$ の開集合 U で定義されていて，$F(\boldsymbol{x}) = 0$, $G(\boldsymbol{x}) = 0$ のときに，

$$(F_x(\boldsymbol{x}), F_y(\boldsymbol{x}), F_z(\boldsymbol{x})) \times (G_x(\boldsymbol{x}), G_y(\boldsymbol{x}), G_z(\boldsymbol{x}))$$

が $(0, 0, 0)$ には決してならないものを正則曲線という．

例 2.9 　空間直線

(x_0, y_0, z_0) を通り，$(a,b,c) \neq (0,0,0)$ の方向をもつ直線 ℓ を考える．

(1) $abc \neq 0$ とする．ℓ は $\dfrac{x-x_0}{a} = \dfrac{y-y_0}{b} = \dfrac{z-z_0}{c}$ と表される．実際に，a,b,c は x_0, y_0, z_0 を基準とした x, y, z 方向への移動の割合のために，2 点の差をそれぞれ a,b,c で割ったものは x 方向，y 方向，z 方向ですべて等しくなり，このような直線の方程式が得られる．

(2) $a = 0 \neq bc$ とする．ℓ は $x = x_0$ かつ $\dfrac{y-y_0}{b} = \dfrac{z-z_0}{c}$ と表される．実際に，この場合は x 方向の移動がないために，$x = x_0$ となる．残りは (1) と同じである．

(3) $a = b = 0 \neq c$ とする．ℓ は $x = x_0, y = y_0$ と表される．実際に，この場合は x, y 方向の移動がないために，$x = x_0$，$y = y_0$ となる．

直線の表示は別の表示もある．

P, Q を異なる点とする．P(p_1, p_2, p_3), Q(q_1, q_2, q_3) と表される場合は，$\overrightarrow{PQ} = (q_1 - p_1, q_2 - p_2, q_3 - p_3)$ である．したがって，実数 $t \in \mathbb{R}$ を用いて，直線上の点 S は一般に

$$\overrightarrow{OS} = \overrightarrow{OP} + t\overrightarrow{PQ} = (p_1, p_2, p_3) + t(q_1 - p_1, q_2 - p_2, q_3 - p_3)$$
$$= (p_1 + t(q_1 - p_1), p_2 + t(q_2 - p_2), p_3 + t(q_3 - p_3))$$

と表される．

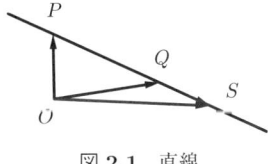

図 2.1 　直線

$(p_1, p_2, p_3) \neq (q_1, q_2, q_3)$ のときは正則曲線である．

例 2.10 空間内の円

空間内にも円は存在する．一般に，円は平面 $ax + by + cz = d$ と球面 $(x - x_0)^2 + (y - y_0)^2 + (z - z_0)^2 = r^2$ との交わりとして表される．球の中心 (x_0, y_0, z_0) から平面までの距離は $\ell = \dfrac{|ax_0 + by_0 + cz_0 - d|}{\sqrt{a^2 + b^2 + c^2}}$ であるから，$\ell > r$ のときは二者は交わらず，$\ell = r$ のときは二者は接して，$\ell < r$ のときは円が現れる．円の半径は $\sqrt{\dfrac{|ax_0 + by_0 + cz_0 - d|^2}{a^2 + b^2 + c^2} - r^2}$ で与えられる．

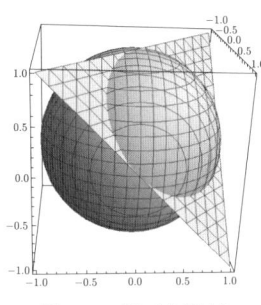

図 2.2 円（空間内）

$r > 0$ である限り，この曲線は正則である．

例 2.11 らせん

平面円運動は一般的に $x = x_0 + r \cos t$, $y = y_0 + r \sin t$ で与えられるが，縦方向に等速度で上昇する設定 $x = x_0 + r \cos t$, $y = y_0 + r \sin t$, $z = ct$ を考えると，これはらせんになる．

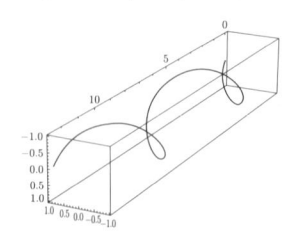

図 2.3 らせん

これは正則曲線である．

例 2.12　放物線，楕円，双曲線

円錐と平面の交わりを考えると，楕円，放物線，双曲線が得られる．$x^2 + y^2 = z^2$ を円錐として，いろいろな平面 Π との交線を考えてみよう．

(1) $\Pi : z = y + 1$ とすると，同値変形

$$\begin{cases} x^2 + y^2 = z^2 \\ z = y + 1 \end{cases} \iff \begin{cases} x^2 = 2y + 1 \\ z = y + 1 \end{cases}$$

からわかるようにこれは放物線を表す．

(2) $\Pi : z = \dfrac{1}{2}y + 1$ とすると，同値変形

$$\begin{cases} x^2 + y^2 = z^2 \\ z = \dfrac{1}{2}y + 1 \end{cases} \iff \begin{cases} 4x^2 + 3y^2 = 4y + 4 \\ z = \dfrac{1}{2}y + 1 \end{cases}$$

からわかるようにこれは楕円を表す．

(3) $z = 2y + 1$ とすると，同値変形

$$\begin{cases} x^2 + y^2 = z^2 \\ z = 2y + 1 \end{cases} \iff \begin{cases} x^2 = 3y^2 + 4y + 1 \\ z = 2y + 1 \end{cases}$$

からわかるようにこれは双曲線を表す．

これらは正則曲線である．

空間曲線の長さ

2 次元の類推で，3 次元の空間曲線にも長さの概念を導入できる．

定義 2.13　空間曲線の長さ

区分的に C^1-級な空間曲線 $\gamma = (\gamma_1, \gamma_2, \gamma_3) : [a, b] \to \mathbb{R}^3$ の長さを $L(\gamma) = \displaystyle\int_a^b \sqrt{\gamma_1'(t)^2 + \gamma_2'(t)^2 + \gamma_3'(t)^2}\, dt$ と定める．

例 2.14

時刻 t は $[0,1]$ を動くとして,

$$x_1(t) = 2\int_0^{t^4} \cos \sqrt[7]{v}\, dv,\ x_2(t) = 2\int_{t^4}^0 \sin \sqrt[7]{v}\, dv,\ x_3(t) = \frac{8}{5}t^5$$

で与えられる空間曲線を考える.時刻 t での速度ベクトルと曲線の長さ ℓ を求めよう.合成関数の公式を用いて,微分を計算すると,$x_1'(t) = 8t^3 \cos \sqrt[7]{t^4}$, $x_2'(t) = -8t^3 \sin \sqrt[7]{t^4}$, $x_3'(t) = 8t^4$ となるから,速度ベクトル $(x_1'(t), x_2'(t), x_3'(t))$ は,

$$(x_1'(t), x_2'(t), x_3'(t)) = (8t^3 \cos \sqrt[7]{t^4}, -8t^3 \sin \sqrt[7]{t^4}, 8t^4)$$

と求まる.よって,$\sqrt{x_1'(t)^2 + x_2'(t)^2 + x_3'(t)^2} = 8t^3\sqrt{1+t^2}$ となり,曲線の長さ ℓ を求める積分式を書くと,

$$\ell = 8\int_0^1 t^3 \sqrt{1+t^2}\, dt = 4\int_0^1 v\sqrt{1+v}\, dv = \frac{16(1+\sqrt{2})}{15}$$

と求まる.

🌿 空間曲線の接線

2 次元のときと同じく,接線を考えることも可能である.$\gamma : [a,b] \to \mathbb{R}^3$ を C^1-級正則曲線とする.$\gamma = (\gamma_1(t), \gamma_2(t), \gamma(t))$ と表示する.平面のときと同じく

$$\gamma_1(t) \to \gamma_1(t_0) + (t-t_0)\gamma_1'(t_0)$$
$$\gamma_2(t) \to \gamma_2(t_0) + (t-t_0)\gamma_2'(t_0)$$
$$\gamma_3(t) \to \gamma_3(t_0) + (t-t_0)\gamma_3'(t_0)$$

と近似して考えると,$t = t_0$ における接線が得られる.

定義 2.15　空間曲線の接線

$\gamma = (\gamma_1, \gamma_2, \gamma_3) : [a,b] \to \mathbb{R}^3$ を C^1-級正則曲線とする．$t_0 \in [a,b]$ に相当する点における接線をパラメータ表示で

$$\begin{cases} x = x(t) = \gamma_1(t_0) + (t - t_0)\gamma_1'(t_0) \\ y = y(t) = \gamma_2(t_0) + (t - t_0)\gamma_2'(t_0) \\ z = z(t) = \gamma_3(t_0) + (t - t_0)\gamma_3'(t_0) \end{cases}$$

と定義する．

空間曲線に沿った線積分

線積分も同様に考えられる．

定義 2.16　空間曲線に沿った線積分

D を領域とする．区分的 C^1-級曲線 $\gamma = (\gamma_1, \gamma_2, \gamma_3) : [a,b] \to D$ によってパラメータ付けされる曲線 C と $t \in [a,b]$ に対して，$V(t) = \sqrt{\gamma_1'(t)^2 + \gamma_2'(t)^2 + \gamma_3'(t)^2}$ とおく．D で定義された関数 $P(x,y,z)$ に対して，

$$\int_C P(x,y,z)\,dx = \int_a^b P(\gamma_1(t), \gamma_2(t), \gamma_3(t))\gamma_1'(t)\,dt$$

$$\int_C P(x,y,z)\,ds = \int_a^b P(\gamma_1(t), \gamma_2(t), \gamma_3(t))V(t)\,dt$$

と定義する．$\int_C P(x,y,z)\,dy, \int_C P(x,y,z)\,dz$ も類似の方法で定義する．

3つの関数の組 (P, Q, R) につき

$$\int_C (P, Q, R)\, d\vec{r} = \int_C P(x, y, z)\, dx$$
$$+ \int_C Q(x, y, z)\, dy + \int_C R(x, y, z)\, dz$$

と定める．また，$\oint_C$ は C の終点と始点が一致するときに使う．

例 2.17

曲線 C を $C : x = y = 2t-1, z = t, t \in [0, 1]$ で与えると，線積分 $I = \displaystyle\int_C (x+1)dx + 2zdy + (y+1)dz$ はパラメータを代入すると，$I = \displaystyle\int_0^1 (2t \cdot 2 + 2t \cdot 2t + 2t)\, dt = 5$ と計算される．

2.3 空間曲面

空間曲面の定義と例

空間内に存在する曲面について考える．空間内の曲線が多種多様なものがあったのと同様に，曲面にも多様である．ここでは，典型的な曲面を網羅するべく，3通りの曲面の表示方法を考えよう．

定義 2.18　空間曲面

次の3種類のどれかで表される図形を空間曲面という．

(1) $z = f(x, y)$
(2) $f(x, y, z) = 0$
(3) $x = x(s, t),\ y = y(s, t),\ z = z(s, t)$

(1) の形での空間曲面の表示をグラフ表示，(2) の形での

空間曲面の表示を陰関数表示，(3) の形での空間曲面の表示
をパラメータ表示という．

これだけだと漠然としているので，具体例を通じて見ていくこと
にしよう．

例 2.19 平面

点 $P(x_0, y_0, z_0)$ を通り，ベクトル $\vec{n} = (a, b, c) \neq (0, 0, 0)$ に
直交する平面 Π は $a(x - x_0) + b(y - y_0) + c(z - z_0) = 0$ と表
される．実際に，$Q = (x, y, z)$ を Π 上の点として，$\overrightarrow{PQ} = (x - x_0, y - y_0, z - z_0)$ となる．$\overrightarrow{PQ} \cdot \vec{n} = 0$ だから，確かに $a(x - x_0) + b(y - y_0) + c(z - z_0) = 0$ と表される．この式を展開すると，
$ax + by + cz - ax_0 - by_0 - cz_0 = 0$ である．$d = -ax_0 - by_0 - cz_0$
とおくことで，一般形 $ax + by + cz + d = 0$ が得られる．これは
陰関数表示の一種である．

平面の方程式は，通る 3 点 P,Q,R を与えると決まる．このこ
とを用いると，四本足の机が劣化してくるとどうして不安定にな
るか説明ができる．製品としてきちんと設計されている机は，4
つの足がきちんと同一平面上にあるので安定している．しかし劣
化してくると，4 つの足 P,Q,R,S がバラバラな位置関係になるた
めに，P,Q,R の定める平面に位置しているのか，P,Q,S の定める
平面に位置しているのか，わからなくなってしまうのである．

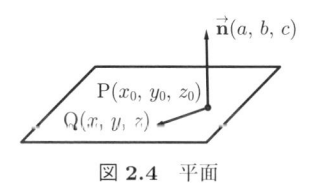

図 2.4 平面

例 2.20 球面

中心が (x_0, y_0, z_0),半径が r の球面は陰関数表示により,

$$(x-x_0)^2 + (y-y_0)^2 + (z-z_0)^2 = r^2$$

と表される.実際に,2 点 (x,y,z) と (x_0, y_0, z_0) の距離は

$$\sqrt{(x-x_0)^2 + (y-y_0)^2 + (z-z_0)^2}$$

だからである.

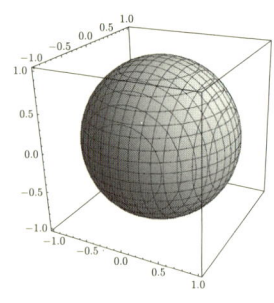

図 2.5 球面

例 2.21 半球

$x^2 + y^2 + z^2 = 1$ は平方根を用いて $z = \sqrt{1-x^2-y^2}$ または $z = -\sqrt{1-x^2-y^2}$ と同値変形される.$z \geq 0$ か $z \leq 0$ に応じて,$z = \sqrt{1-x^2-y^2}$ または $z = -\sqrt{1-x^2-y^2}$ と変形されるので,$z = \sqrt{1-x^2-y^2}$ は上半分,$z = -\sqrt{1-x^2-y^2}$ は下半分ということになる.したがって,$z = \sqrt{1-x^2-y^2}$ は上半球である.上半球の方程式 $z = \sqrt{1-x^2-y^2}$ はグラフ表示による表示である.x, y に関して解けば,右半球,前半球なるものなども表すことができる.上半球はパラメータ表示を用いて,$x = r\cos\theta, y = r\sin\theta, z = \sqrt{1-r^2}$ と表せることができる.ここで,$0 \leq r \leq 1, 0 \leq \theta \leq 2\pi$ である.

例 2.22 円柱

$\mathbb{R}^2$ での円の方程式は陰関数表示により $(x-x_0)^2+(y-y_0)^2=r^2$ と一般的に表されるが,$\mathbb{R}^3$ でこの方程式 $(x-x_0)^2+(y-y_0)^2=r^2$ を考えると,z について全く条件がないことから,平面の円を上にスライドさせて得られる図形が得られる.したがって,これは z 軸に沿って無限に伸びている円柱である.パラメータ表示を用いて,$x=x_0+r\cos\theta, y=y_0+r\sin\theta, z=t$ と表してもよい.ここで,$t\in\mathbb{R}, 0\leq\theta\leq 2\pi$ である.

z 軸方向に伸びている.

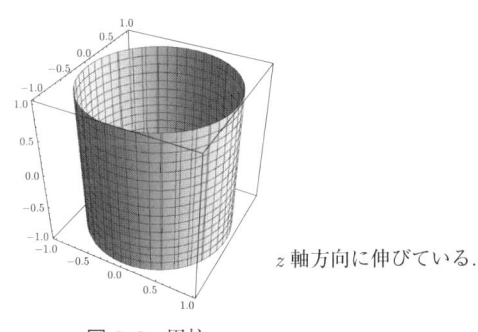

図 2.6 円柱

例 2.23 円錐

$a>0$ とする.$z=a\sqrt{x^2+y^2}$ は $z=k\geq 0$ のときに,半径 $\dfrac{k}{a}$ の円が現れる.z の高さ k に正比例して,半径が大きくなるので,$z=a\sqrt{x^2+y^2}$ は円錐である.これはグラフ表示をしていることになる.また,$z^2=a^2(x^2+y^2)$ は $z=\pm a\sqrt{x^2+y^2}$ と同値であるから,これは頂点を共有する対称な円錐の対と同じになる.パラメータ表示をすると,$x=r\cos\theta, y=r\sin\theta, z=ar$ である.ここで,$r\geq 0, 0\leq\theta\leq 2\pi$ である.

次の例において,曲面 S の連結成分とは,$\mathbb{R}^3$ の開集合 G と閉集合 F を用いて,$A=S\cap F=S\cap G$ と表される部分集合 A でこれ以上小さいものがないもののことである.

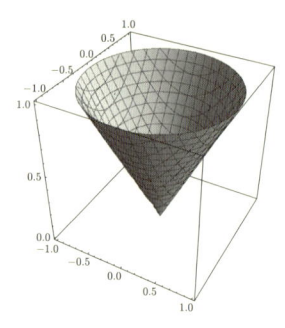

図 2.7 円錐

例 2.24 一葉双曲面，二葉双曲面

陰関数表示された曲面 $S_1 : x^2 + y^2 - z^2 = 1$ と $S_2 : x^2 + y^2 - z^2 = -1$ について考える．両者を $S_1 : x^2 + y^2 = z^2 + 1$, $S_2 : x^2 + y^2 = z^2 - 1$ と変形させて考えるとわかるように，$x^2 + y^2$ はそれぞれ，「z に無条件に」，「$|z| \geq 1$ のときに限り」，0 以上になる．したがって，前者は連結で，後者は不連結である．それぞれ，連結成分の個数を用いて，一葉双曲面，二葉双曲面という．

実際に，$F = S_1$, $G = \{(x, y, z) : x^2 + y^2 > 0\}$ とおくと，F は $\mathbb{R}^3$ の閉集合で，G は $\mathbb{R}^3$ の開集合である．$S_1 : x^2 + y^2 = z^2 + 1$ は $x^2 + y^2 = 0$ とは交わらないから，$S_1 = S_1 \cap F = S_1 \cap G$ となる．S_1 は一つの連結成分からなる．同様に，

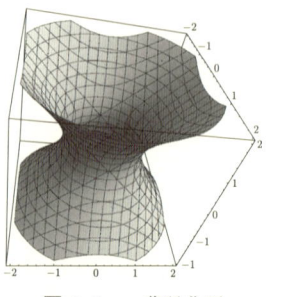

図 2.8 一葉双曲面   図 2.9 二葉双曲面

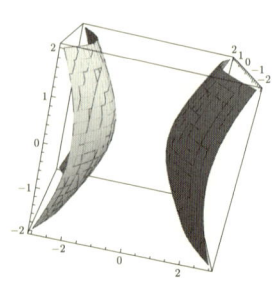

$$F_+ = \{(x,y,z) \in \mathbb{R}^3 : z = \sqrt{x^2+y^2+1}\}$$
$$F_- = \{(x,y,z) \in \mathbb{R}^3 : z = -\sqrt{x^2+y^2+1}\}$$
$$H = \{(x,y,z) \in \mathbb{R}^3 : z \neq 0\}$$

とすると，$\mathbb{R}^3$ における F_+, F_- は閉集合，H は開集合である．

$$F_+ = F_+ \cap S_2 = H \cap S_2, \quad F_- = F_- \cap S_2 = H \cap S_2$$

となるから，S_2 は2つの連結成分 F_+, F_- をもつ．また，F_+ において $z = \sqrt{x^2+y^2+1}$ はパラメータ表示すると，$x = r\cos\theta$, $y = r\sin\theta$, $z = \sqrt{r^2+1}$ である．ここで，$r \geq 0, 0 \leq \theta \leq 2\pi$ である．

例 2.25 **楕円放物面**

グラフ表示された $z = \dfrac{x^2}{a^2} + \dfrac{y^2}{b^2}$ を楕円放物面という．$y=0$ とすれば，放物線 $z = \dfrac{x^2}{a^2}$ が，$z = k > 0$ とすれば，楕円 $k = \dfrac{x^2}{a^2} + \dfrac{y^2}{b^2}$ が現れるからである．

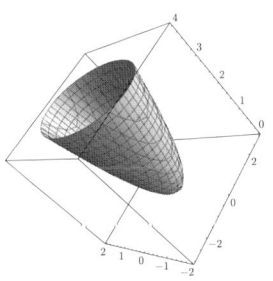

図 2.10 楕円放物面

例 2.26　双曲放物面

グラフ表示された $z = \dfrac{x^2}{a^2} - \dfrac{y^2}{b^2}$ を双曲放物面という．$y = 0$ とすれば，放物線 $z = \dfrac{x^2}{a^2}$ が，$z = k > 0$ とすれば，双曲線 $k = \dfrac{x^2}{a^2} - \dfrac{y^2}{b^2}$ が現れるからである．

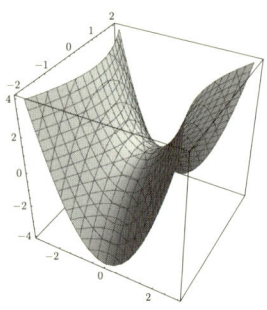

図 2.11　双面放物面

例 2.27　楕円球

$ABC \neq 0$ とする．球の方程式は陰関数表示を用いて，

$$(x - x_0)^2 + (y - y_0)^2 + (z - z_0)^2 = r^2$$

と表されるが，相似変換 $(x, y, z) \mapsto \left(\dfrac{x}{A}, \dfrac{y}{B}, \dfrac{z}{C}\right)$ を考えて，$\left(\dfrac{x}{A} - x_0\right)^2 + \left(\dfrac{y}{B} - y_0\right)^2 + \left(\dfrac{z}{C} - z_0\right)^2 = r^2$ を考えると，縦，横，高さが相似変換されているからこれは球体がそれぞれの方向に拡大されているものである．これを楕円球という．

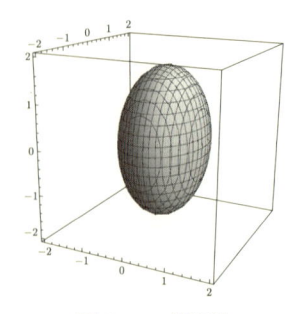

図 2.12　楕円球

🌿 空間曲面の接平面と法線

空間内の曲面を $x = x(u,v)$, $y = y(u,v)$, $z = z(u,v)$ でパラメータ表示する．ただし，$x = 2u+v$, $y = 4u+2v$, $z = (2u+v)^3$ のように，2つのパラメータを備えていても，実際には「線」になるようなものも存在する．このような状況を排除するために，空間曲面に対する正則性という概念を定義する．ベクトル $\vec{a}, \vec{b}$ が1次独立であるとは，一方がもう一方の定数倍で表すことができないということを思い出そう．

$(u,v) \mapsto (x(u,v), y(u,v), z(u,v))$ が単射であるとは，異なる定義域の点は異なる点へうつることである．

定義 2.28 C^1-級，C^r-級，C^∞-級

(1) 開集合 U 上で定義された2変数関数 F が C^1-級であるとは偏導関数 F_x, F_y が存在して，F, F_x, F_y がいずれも U 上で連続であることである．

(2) (1)の定義は変数の個数や階数を上げても類似の方法で，C^r-級という概念を定める．

(3) すべての r につき，C^r-級の関数を C^∞-級という．

定義 2.29 正則曲面

(1) $\mathbb{R}^2$ の開集合 U 上の C^1-級関数 $f: U \to \mathbb{R}$ を用いて現される曲面 $z = f(x,y)$ は正則曲面であるという．

(2) $\mathbb{R}^3$ の開集合 V 上の C^1-級関数 $F: V \mapsto \mathbb{R}$ が与える集合 $S = \{(x,y,z) \in V : F(x,y,z) = 0\}$ が正則曲面であるとは，S 上の点 (x,y,z) に対して，常に，

$$\left(\frac{\partial F}{\partial x}(x,y,z), \frac{\partial F}{\partial y}(x,y,z), \frac{\partial F}{\partial z}(x,y,z)\right) \neq 0$$

であることを意味する．

(3) U を $\mathbb{R}^2$ における開集合とする．U 上で定義されている

C^1-級関数 $x = x(u,v)$, $y = y(u,v)$, $z = z(u,v)$ の組で，すべての点 $(u,v) \in U$ に対して，

$$(x_u(u,v), y_u(u,v), z_u(u,v))$$
$$(x_v(u,v), y_v(u,v), z_v(u,v))$$

は一次独立であるとする．更に，U 上で $(u,v) \mapsto (x,y,z)$ は単射であるとする．このとき，パラメータ付けされた曲面 $x = x(u,v), y = y(u,v), z = z(u,v)$ を正則曲面という．

例 2.30

先ほどの排除するべき例では

$$(x_u(u,v), y_u(u,v), z_u(u,v)) = (2, 4, 6(2u+v)^2)$$
$$(x_v(u,v), y_v(u,v), z_v(u,v)) = (1, 2, 3(2u+v)^2)$$

となるから，これは正則曲面ではない．したがって，これから先の考察には含まれないことになる．

$(u,v) = (u_0, v_0)$ に対応する点における接平面を考える．テーラー展開すると，

$x(u,v)$
$= x(u_0, v_0) + x_u(u_0, v_0)(u - u_0) + x_v(u_0, v_0)(v - v_0) + \cdots$

$y(u,v)$
$= y(u_0, v_0) + y_u(u_0, v_0)(u - u_0) + y_v(u_0, v_0)(v - v_0) + \cdots$

$z(u,v)$
$= z(u_0, v_0) + z_u(u_0, v_0)(u - u_0) + z_v(u_0, v_0)(v - v_0) + \cdots$

である．高次のべきを切り落として，パラメータ u, v を用いて，

$$\begin{cases} x^*(u,v) = x(u_0,v_0) + x_u(u_0,v_0)(u-u_0) + x_v(u_0,v_0)(v-v_0) \\ y^*(u,v) = y(u_0,v_0) + y_u(u_0,v_0)(u-u_0) + y_v(u_0,v_0)(v-v_0) \\ z^*(u,v) = z(u_0,v_0) + z_u(u_0,v_0)(u-u_0) + z_v(u_0,v_0)(v-v_0) \end{cases}$$

で与えられる平面が接平面という定義にふさわしいであろう.

定義 2.31　接平面

$x = x(u,v), y = y(u,v), z = z(u,v)$ とパラメータ表示されている曲面の $u = u_0, v = v_0$ に対応する接平面は

$$\begin{cases} x^*(u,v) = x(u_0,v_0) + x_u(u_0,v_0)(u-u_0) + x_v(u_0,v_0)(v-v_0) \\ y^*(u,v) = y(u_0,v_0) + y_u(u_0,v_0)(u-u_0) + y_v(u_0,v_0)(v-v_0) \\ z^*(u,v) = z(u_0,v_0) + z_u(u_0,v_0)(u-u_0) + z_v(u_0,v_0)(v-v_0) \end{cases}$$

によってパラメータ表示されている曲面（平面）である.

例 2.32　グラフ表示されている曲面の接平面

U を $\mathbb{R}^2$ の開集合とする. $z = f(x,y)$ を U 上の C^1-級関数とするとき, f のグラフは $x = u, y = v, z = f(u,v)$ とパラメータ表示される. $(u_0, v_0) \subset U$ とする. $(x,y,z) = (u_0, v_0, w_0)$ における接平面を求めよう. 定義に従うと,

$$\begin{cases} x^*(u,v) = u \\ y^*(u,v) = v \\ z^*(u,v) = w_0 + f_x(u_0,v_0)(u-u_0) + f_y(u_0,v_0)(v-v_0) \end{cases}$$

で与えられるから, パラメータを消去すれば,

$$z = f(u_0, v_0) + f_x(u_0, v_0)(x - u_0) + f_y(u_0, v_0)(y - v_0)$$

で接平面が与えられる．これは $y = f(x)$ の接線の公式の高次元版とみなすことができよう．

例 2.33 正則曲面の接平面

$U \subset \mathbb{R}^3$ を開集合とする．$\boldsymbol{x} = (x, y, z), \boldsymbol{x}_0 = (x_0, y_0, z_0)$ と省略しよう．$f \in C^1(U)$ として，$f(\boldsymbol{x}) = 0$ が正則曲面であると仮定する．対称性があるが，とりあえず $f_z(\boldsymbol{x}) \neq 0$ が $f(\boldsymbol{x}) = 0$ 上で成立していると仮定しよう．$\boldsymbol{x}$ をこの曲面上の点とする．すると，$z = \varphi(x, y)$ なる表示が得られることが陰関数定理からわかり，$f(x, y, \varphi(x, y)) = 0$ となる．x で偏微分して，

$$f_x(x, y, \varphi(x, y)) + f_z(x, y, \varphi(x, y))\varphi_x(x, y) = 0$$

となる．同じく y で偏微分して，

$$f_y(x, y, \varphi(x, y)) + f_z(x, y, \varphi(x, y))\varphi_y(x, y) = 0$$

となる．特に，$z_0 = \varphi(x_0, y_0)$ だから，

$$\varphi_x(x_0, y_0) = -\frac{f_x(\boldsymbol{x}_0)}{f_z(\boldsymbol{x}_0)},\ \varphi_y(x_0, y_0) = -\frac{f_y(\boldsymbol{x}_0)}{f_z(\boldsymbol{x}_0)}$$

である．再び $z_0 = \varphi(x_0, y_0)$ だから，接平面は

$$z = z_0 + \varphi_x(x_0, y_0)(x - x_0) + \varphi_y(x_0, y_0)(y - y_0)$$

と与えられる．$\varphi_x(x_0, y_0)$ と $\varphi_y(x_0, y_0)$ を消去して，

$$f_x(\boldsymbol{x}_0)(x - x_0) + f_y(\boldsymbol{x}_0)(y - y_0) + f_z(\boldsymbol{x}_0)(z - z_0) = 0$$

となる．この式は x, y, z について対称的であるから，$f_x(\boldsymbol{x})$, $f_y(\boldsymbol{x})$ が 0 でないと仮定しても同じ結論が得られることがわかる．

例 2.34 2 次曲面の接平面

$A, B, C, D, E, F, G, H, I, J$ を実数とする.

$$F(x, y, z) = Ax^2 + 2Bxy + 2Cxz + 2Dx$$
$$+ Ey^2 + 2Fyz + 2Gy + Hz^2 + 2Iz + J$$

とおく. S を $F(x,y,z)=0$ で与える. S は正則曲面であると仮定する. $(x_0, y_0, z_0) \in S$ における接平面を求めよう.

$$F_x(x_0, y_0, z_0) = 2Ax_0 + 2By_0 + 2Cz_0 + 2D$$
$$F_y(x_0, y_0, z_0) = 2Bx_0 + 2Ey_0 + 2Fz_0 + 2G$$
$$F_z(x_0, y_0, z_0) = 2Cx_0 + 2Fy_0 + 2Hz_0 + 2I$$

である. 例 2.33 と $F(x_0, y_0, z_0) = 0$ から,

$$(Ax_0 + By_0 + Cz_0 + D)x$$
$$+ (Bx_0 + Ey_0 + Fz_0 + G)y$$
$$+ (Cx_0 + Fy_0 + Hz_0 + I)z + J = 0$$

が得られる.

ここまで種類が多くなると, いろいろな覚え間違えや計算ミスが増えそうである. 最終的な結論を出す際に求めるものが条件に該当しているか確認しよう. たとえば, 平面は $Ax + By + Cz = D$ の形をしていて, $x + \sin(x + 2y + 4z)$ などの関数は現れない.

定義 2.35 法線

曲面 S が点 $\mathrm{P}(a,b,c)$ において接平面をもつ時, その接平面の点 P における垂線を S の P における法線という. また, この法線の方向ベクトルで長さ 1 のものをその曲面のその点における法線ベクトルという.

例 2.36

グラフ表示において，$z = f(x,y)$ と C^1-級関数を用いて表せる場合を考える．$\mathrm{P}(a,b,f(a,b))$ における法線 ℓ と P における法線ベクトル $\overrightarrow{\mathbf{n}}$（の1つ）を求めよう．

(1) $f_x(a,b)f_y(a,b) \neq 0$ となる場合を考える．法線 ℓ の方程式は
$$\frac{x-a}{f_x(a,b)} = \frac{y-b}{f_y(a,b)} = \frac{z-c}{-1}$$ で与えられる．したがって，法線ベクトルは $\overrightarrow{\mathbf{n}} = \pm \dfrac{(f_x(a,b), f_y(a,b), -1)}{\sqrt{f_x(a,b)^2 + f_y(a,b)^2 + 1}}$ となる．

(2) $f_x(a,b) = 0 \neq f_y(a,b)$ となる場合を考える．ℓ の方程式は
$$x = a \text{ かつ } \frac{y-b}{f_y(a,b)} = \frac{z-c}{-1}$$ で与えられる．したがって，法線ベクトルは $\overrightarrow{\mathbf{n}} = \pm \dfrac{(0, f_y(a,b), -1)}{\sqrt{f_y(a,b)^2 + 1}}$ となる．これは (1) の拡張である．

グラフ表示されている場合でも，法線ベクトルは位置によって向きが違うことに注意しよう．

例 2.37

$a > 0$ とする．

(1) 球面 $x^2 + y^2 + z^2 = a^2$ の点 (x_0, y_0, z_0) における接平面は，例 2.34 で見たように，$x_0 x + y_0 y + z_0 z = a^2$ だから，この点における法線は $x = x_0 + x_0 t, y = y_0 + y_0 t, z = z_0 + z_0 t$ である．$x_0 y_0 z_0 \neq 0$ のときは，$\dfrac{x - x_0}{x_0} = \dfrac{y - y_0}{y_0} = \dfrac{z - z_0}{z_0}$ などと t を消去して表すこともできる．特に，$a = 1$ の場合は $x_0{}^2 + y_0{}^2 + z_0{}^2 = 1$ であるから，この点における単位法線ベクトルのうちの1つは $\dfrac{(x_0, y_0, z_0)}{\sqrt{x_0{}^2 + y_0{}^2 + z_0{}^2}} = (x_0, y_0, z_0)$ である．

(2) 一葉双曲面 $x^2 + y^2 - z^2 = a^2$ の (x_0, y_0, z_0) における接平

面は $x_0 x + y_0 y - z_0 z = a^2$ だから,この点における法線は $x = x_0 + x_0 t, y = y_0 + y_0 t, z = z_0 - z_0 t$ である.$x_0 y_0 z_0 \neq 0$ のときは,$\dfrac{x - x_0}{x_0} = \dfrac{y - y_0}{y_0} = -\dfrac{z - z_0}{z_0}$ などと t を消去して表される.特に $a = 1$ の場合は,この点における単位法線ベクトルのうちの 1 つは $\dfrac{(x_0, y_0, -z_0)}{\sqrt{x_0{}^2 + y_0{}^2 + z_0{}^2}} = \dfrac{(x_0, y_0, -z_0)}{\sqrt{1 + 2z_0{}^2}}$ である.

曲面を考えれば自明なことであるが,法線ベクトルは位置によって向きが変わる.

曲面積

D を $\mathbb{R}^2$ の開集合,K を D に含まれる有界閉集合とする.正則曲面を与えている C^1-級関数 $\Phi = (x, y, z) : D \to \mathbb{R}^3$ から得られる曲面の曲面積を考察する.つまり,$(u, v) \in D$ を変数とする 3 つの C^1-級関数 $x = x(u, v), y = y(u, v), z = z(u, v)$ が与えられている状況を想定している.$(u, v), (u + \Delta u, v), (u, v + \Delta v)$ の 3 点を Φ で写したときに,$\Phi(u, v), \Phi(u + \Delta u, v), \Phi(u, v + \Delta v)$ の面積は,

$(x(u + \Delta u, v) - x(u, v), y(u + \Delta u, v) - y(u, v), z(u + \Delta u, v)$
$\quad - z(u, v))$

と

$(x(u, v + \Delta v) - x(u, v), y(u, v + \Delta v) - y(u, v), z(u, v + \Delta v)$
$\quad - z(u, v))$

の外積である.2 変数のテーラー展開により,これらのベクトルは近似的にはそれぞれ

$$(x_u(u, v), y_u(u, v), z_u(u, v)) \Delta u$$

と
$$(x_v(u,v), y_v(u,v), z_v(u,v))\Delta v$$

で与えられるから，これらの $\Delta u, \Delta v$ を小さくとって極限をとることによって，曲面積を次の式で定めるのが妥当であろうということになる．

定義 2.38 曲面積

D を $\mathbb{R}^2$ の開集合，K を D に含まれる有界閉集合とする．また，C^1-級関数 $\Phi = (x,y,z) : D \to \mathbb{R}^3$ が正則曲面を与えるとする．$(u,v) \in K$ に対して，

$$\Phi_u(u,v) = (x_u(u,v), y_u(u,v), z_u(u,v))$$
$$\Phi_v(u,v) = (x_v(u,v), y_v(u,v), z_v(u,v))$$

とおく．$D(u,v)$ で $\Phi_u(u,v)$ と $\Phi_v(u,v)$ のなす平行四辺形の面積を表すとき，$\Phi(K)$ の表面積は

$$\sigma(S) = \iint_K \sqrt{D(u,v)}\, du\, dv$$

と定める．

例 2.39 グラフの曲面積

D を $\mathbb{R}^2$ 上の開集合，$f : D \to \mathbb{R}$ を C^1-級関数とする．$z = f(x,y)$ が $(x,y) \in D$ 上で作る曲面の面積は，

$$\iint_D \sqrt{1 + f_x(x,y)^2 + f_y(x,y)^2}\, dx\, dy$$

で与えられる．実際に，D に含まれる有界閉集合 K で近似して，$x = u, y = v, z = f(x,y)$ とすればよいからである．

2.3 空間曲面

例 2.40 回転体の曲面積

$f:[a,b]\to\mathbb{R}$ のグラフを x 軸を中心に回転させて得られる立体の表面積は，$\sigma=2\pi\displaystyle\int_a^b |f(x)|\sqrt{1+|f'(x)|^2}\,dx$ で与えられる．

[証明] $z=F(x,y)=\sqrt{f(x)^2-y^2}$ に対して，例 2.39 を適用すれば $z\geq 0$ の部分の表面積が計算される．実際に，

$$\sqrt{1+F_x(x,y)^2+F_y(x,y)^2}=\sqrt{1+\frac{f(x)^2 f'(x)^2}{f(x)^2-y^2}+\frac{y^2}{f(x)^2-y^2}}$$
$$=|f(x)|\sqrt{\frac{1+f'(x)^2}{f(x)^2-y^2}}$$

であるから，立体が $z\geq 0$ と $z\leq 0$ にそれぞれ対称に現れることに注意して，

$$\sigma=2\int_a^b\left(\int_{-|f(x)|}^{|f(x)|}|f(x)|\sqrt{\frac{1+f'(x)^2}{f(x)^2-y^2}}\,dy\right)dx$$
$$=2\int_a^b |f(x)|\sqrt{1+f'(x)^2}\left(\int_{-|f(x)|}^{|f(x)|}\frac{1}{\sqrt{f(x)^2-y^2}}\,dy\right)dx$$

が得られる．x に関する積分を計算すると，求める公式が得られる． □

例 2.41

$A=(0,2,0), B=(1,1,0), C=(1,1,1)$ とする．空間座標の原点 O に点光源をおく．また，曲面 $y=4-\dfrac{x^2}{2}$ をスクリーンとする．不透明な三角形の板 $\triangle ABC$ をおく．スクリーンにできる影 S の面積 σ を求めよう．板 $\triangle ABC$ は $x+y=2, 0\leq z\leq x\leq 1$ と記述される．3 点 O,A,C を通る平面は $x=z$ である．したがって，$\tilde{S}$ のパラメータ表示は

$$\left(x, 4-\frac{x^2}{2}, tx\right) \quad (x,t \in [0,1])$$

で与えられる．偏微分を計算すると

$$\frac{\partial}{\partial x}\left(x, 4-\frac{x^2}{2}, tx\right) = (1, -x, t)$$

$$\frac{\partial}{\partial t}\left(x, 4-\frac{x^2}{2}, tx\right) = (0, 0, x)$$

である．したがって，

$$\sigma = \iint_{[0,1]^2} \sqrt{x^4 + x^2}\,dx\,dt = \int_0^1 x\sqrt{x^2+1}\,dx = \frac{2\sqrt{2}-1}{3}$$

となる．

面積分

曲面積と同じ設定の下で，曲面に沿って，その曲面で定義された連続関数 f の積分を考える．D 内の 3 点 $(u,v), (u+\Delta u, v), (u, v+\Delta v)$ のなす三角形に相当する曲面の部分の面積の近似は $D(u,v)|\Delta u \Delta v|$ で与えられるから，さらに関数値 $f(\Phi(u,v))$ の値を掛けて，それからこの微小領域の値を総和することによって，積分が定義される．以上の方法を積分で表現したのが，次の定義である．

定義 2.42　面積分

D を $\mathbb{R}^2$ の開集合，K を D に含まれる有界閉集合とする．また，C^1-級関数 $\Phi = (x,y,z): D \to \mathbb{R}^3$ が正則曲面を与えるとする．$S = \Phi(K)$ とおく．$u,v \in K$ に対して，$\Phi_u(u,v) = (x_u(u,v), y_u(u,v), z_u(u,v))$ と $\Phi_v(u,v) = (x_v(u,v), y_v(u,v), z_v(u,v))$ のなす平行四辺形の面積を $D(u,v)$ と表す．f を S 上の連続関数とするとき，

$$\iint_S f(x,y,z)d\sigma(x,y,z)$$
$$= \iint_K f(x(u,v),y(u,v),z(u,v))\sqrt{D(u,v)}\,du\,dv$$

と定める．

面積分の種類として，$d\sigma$ に関する面積分と，dx, dy, dz に関する面積分がある．

定義 2.43　面積分

S の外向き法線ベクトルを $\vec{n} = (n_1, n_2, n_3)$ で表すとき，関数 f の面積分を
$$\iint_S f(x,y,z)\,dx\,dy = \iint_S f(x,y,z) n_3(x,y,z)\,d\sigma(x,y,z)$$
$$\iint_S f(x,y,z)\,dy\,dz = \iint_S f(x,y,z) n_1(x,y,z)\,d\sigma(x,y,z)$$
$$\iint_S f(x,y,z)\,dz\,dx = \iint_S f(x,y,z) n_2(x,y,z)\,d\sigma(x,y,z)$$
と定める．

例 2.44

$S_0 = \{(x,y) \in \mathbb{R}^2 : x, y \geq 0, 9x^2 + 9y^2 \leq 1\}$ とおく．$S = \{(x,y,z) \in \mathbb{R}^3 : 4x^2 + 4y^2 + z^2 = 4, x, y \in S_0, z \geq 0\}$ で与えられる曲面につき，面積分 $\iint_S z\,d\sigma(x,y,z)$ を求めよう．S の定義方程式 $4x^2 + 4y^2 + z^2 = 1$ を z について解くと，$z = \sqrt{4 - 4x^2 - 4y^2} = 2\sqrt{1 - x^2 - y^2}$ である．以上のことをふまえて，S を $(x,y) \in S_0$ によるパラメータ表示 $(x, y, 2\sqrt{1-x^2-y^2})$ で表そう．S_0 は半径 $\dfrac{1}{3}$，中心角 $\dfrac{\pi}{2}$ の扇形である．ここで，

$$\sqrt{D(x,y)} = \sqrt{1 + \left(\frac{\partial z}{\partial x}\right)^2 + \left(\frac{\partial z}{\partial y}\right)^2}$$
$$= \sqrt{1 + \frac{4x^2 + 4y^2}{1 - x^2 - y^2}} = \sqrt{\frac{1 + 3x^2 + 3y^2}{1 - x^2 - y^2}}$$

である．したがって，積分を x, y の式で表すと，

$$I = \iint_{9x^2 + 9y^2 \leq 1, x, y \geq 0} z \cdot \sqrt{\frac{1 + 3x^2 + 3y^2}{1 - x^2 - y^2}} \, dx \, dy$$
$$= 2 \iint_{9x^2 + 9y^2 \leq 1, x, y \geq 0} \sqrt{1 + 3x^2 + 3y^2} \, dx \, dy$$

である．次に極座標変換をすると，$I = \pi \int_0^{\frac{1}{3}} r\sqrt{1 + 3r^2} \, dr$ となる．これを計算して，

$$I = \frac{\pi}{6} \int_0^{\frac{1}{3}} \sqrt{1 + r} \, dr = \frac{2\pi}{18} \left[(1 + r)^{\frac{3}{2}}\right]_0^{\frac{1}{3}} = \frac{8\sqrt{3} - 9}{81} \pi$$

が得られる．

2.4　空間図形上の積分

平面図形のときと同様に積分に関しては詳論しないが，空間図形に対して積分が定義されていて，つぎの定理が成り立つことを確認しておこう．

定理 2.45　反復積分

$D_0 \subset \mathbb{R}^2$ を区分的に C^1-級曲線によって囲まれた領域とする．

(1) $f : [a, b] \times [c, d] \times [e, f] \to \mathbb{R}$ を連続関数とすると，

$$\iiint_{[a,b]\times[c,d]\times[e,f]} f(x,y,z)\,dx\,dy\,dz$$
$$= \iint_{[c,d]\times[e,f]} \left(\int_a^b f(x,y,z)\,dx\right) dy\,dz$$
$$= \int_e^f \left\{\int_c^d \left(\int_a^b f(x,y,z)\,dx\right) dy\right\} dz$$

が成り立つ．

(2) A が連続関数 $\varphi, \psi : D_0 \to \mathbb{R}$ を用いて，

$$A = \{(x,y,z) \in \mathbb{R}^3 : x, y \in D_0,$$
$$\varphi(x,y) \leq z \leq \psi(x,y)\}$$

と表されるならば，A 上の連続関数 f に対して，

$$\iiint_A f(x,y,z)\,dx\,dy\,dz$$
$$= \iint_{D_0} \left(\int_{\varphi(x,y)}^{\psi(x,y)} f(x,y,z)\,dz\right) dx\,dy$$

となる．

(3) 連続関数 $f : D_0 \times [e,f] \to \mathbb{R}$ に対して，

$$\iiint_{D_0 \times [e,f]} f(x,y,z)\,dx\,dy\,dz$$
$$= \int_e^f \left(\iint_{D_0} f(x,y,z)\,dx\,dy\right) dz$$

となる．

座標空間においても極座標の変換公式があるが，本書の範囲を超えるので，ここでは特別な場合を考えることにしよう．実際には，この場合が一般の極座標変換の鍵になることもわかる．

定理 2.46 空間極座標

$f:[0,R]\to\mathbb{R}$ を連続関数とするとき，
$$\iiint_{x^2+y^2+z^2\leq R^2} f(\sqrt{x^2+y^2+z^2})\,dx\,dy\,dz = 4\pi\int_0^R f(r)r^2\,dr$$
が成り立つ．

一般に空間図形の体積は「底面積」×「高さ」で与えられるから，
$$\iiint_D 1\,dx\,dy\,dz = D \text{ の体積}$$
という公式が成り立つことに注意しよう．

例 2.47

$a>0$ とする．$A=\{(x,y,z)\in\mathbb{R}^3 : x^2+y^2+z^2\leq a^2\}$ とおくとき，$I=\iiint_A (x^2+y^2+z^2)\,dx\,dy\,dz$ の値は極座標に変換すると，$I=4\pi\int_0^a r^4\,dr = \dfrac{4\pi}{5}a^5$ と求められる．

例 2.48

積分 $I=\dfrac{32}{3}\iiint_{x,y,z\geq 0,\,x^2+y^2+z^2\leq a^2}(x+y+z)\,dx\,dy\,dz$ を求めよう．対称性から $I=\iiint_{x,y,z\geq 0,\,x^2+y^2+z^2\leq a^2} 32z\,dx\,dy\,dz$ となる．累次積分に直して，
$$I = \iint_{x,y\geq 0,\,x^2+y^2\leq a^2}\left(\int_0^{\sqrt{a^2-x^2-y^2}} 32z\,dz\right) dx\,dy$$
と変形しておく．z に関しては積分が出来るので，

$$I = 16 \iint_{x,y \geq 0,\, x^2+y^2 \leq a^2} (a^2 - x^2 - y^2)\, dx\, dy$$
$$= 8\pi \int_0^a (a^2 - r^2) r\, dr = 2\pi a^4$$

となる.

2.5 章末問題

問題 2.1

$O = (0,0,0)$ を座標空間内の原点とする. 座標空間内の2点をA $= (2,1,2)$, B $= (3,7,9)$ とおくとき, ベクトル $\vec{a} = \overrightarrow{OA}, \vec{b} = \overrightarrow{OB}$ の外積 $\vec{a} \times \vec{b}$ を計算せよ. さらに, $\triangle OAB$ の面積 S を求めよ. 最後に, O,A,B を含む平面 Π の方程式を求めよ.

問題 2.2

空間ベクトル $\boldsymbol{a} = \begin{pmatrix} 2 \\ 3 \\ -1 \end{pmatrix}, \boldsymbol{b} = \begin{pmatrix} -1 \\ 2 \\ 1 \end{pmatrix}, \boldsymbol{c} = \begin{pmatrix} 1 \\ -1 \\ 2 \end{pmatrix}$ に対して, 次の (a) から (f) を求めよ.

(a) 内積 $\boldsymbol{a} \cdot \boldsymbol{b}$ 【$(\boldsymbol{a}, \boldsymbol{b})$ と書く場合もある.】

(b) $\boldsymbol{a}$ と $\boldsymbol{b}$ のなす角を θ とするとき, $\cos\theta$ の値

(c) 外積 $\boldsymbol{a} \times \boldsymbol{b}$

(d) $\boldsymbol{a}$ と $\boldsymbol{b}$ の両方に垂直な単位ベクトル $\vec{v}$ のうち1つ)

(e) $\boldsymbol{a}, \boldsymbol{b}$ によって張られる平行四辺形の面積 S

(f) $\boldsymbol{a}, \boldsymbol{b}, \boldsymbol{c}$ によって張られる平行六面体の体積 V

問題 2.3

空間曲線 C を $C: x = t^2, y = t, z = 3 (0 \leq t \leq 1)$ で与えるとき、線積分 $\displaystyle\int_C (e^y + x)\,dx + y^2\,dy + \log(z + \sqrt{z^2+1})\,dz$ を求めよ。

問題 2.4

$S = \{(x, y, z) : 2z = x^2 + y^2, y \geq x \geq 0, 4x^2 + 4y^2 \leq 1\}$ で与えられる曲面につき、次の問 $(a), (b), (c), (d)$ に答えよ。

(a) 方程式 $2z = x^2 + y^2$ を z について解き、$z = \varphi(x, y)$ の形に表せ。

(b) S を xy 平面に正射影して得られる図形を T とする．T は原点を中心とする扇形であるが、その円の半径 R と中心角 Θ はいくらか？

(c) 一般に、関数 F につき、適当な関数 $A(x, y)$ を用いて
$$\iint_S F(x, y, z)\,dS = \iint_T F(x, y, \varphi(x, y)) A(x, y)\,dx\,dy$$
と表せる．$A(x, y)$ を求めよ．

(d) 面積分 $I = \displaystyle\iint_S z\,dS$ を求めよ．

問題 2.5

(1) $I = \displaystyle\iiint_{x^2+y^2+z^2 \leq 1} (x^2 + y^2 + z^2)^{\frac{1}{2}}\,dx\,dy\,dz$ を求めよ．

(2) $a > 0$ とするとき、$z = x^2 + y^2 \leq a^2$ で定まる曲面の面積 σ を求めよ．

問題 2.6

$6x + 2y + 3z = 6$ を $x, y, z \geq 0$ で考えて、それを S とおく．
$$\vec{n} = (n_1, n_2, n_3) = \left(\frac{6}{7}, \frac{2}{7}, \frac{3}{7}\right)$$

を外向き単位法線ベクトルとして与えるとき，次の面積分を計算せよ．

(1) $I_1 = \iint_S x\,dy\,dz$ (2) $I_2 = \iint_S x\,d\sigma$ (3) $I_3 = \iint_S dy\,dz$

(4) $I_4 = \iint_S y\,dy\,dz$ (5) $I_5 = \iint_S x\,dx\,dy$

第3章

グリーンの定理

　ここでは積分3定理のうち，グリーンの公式を扱う．曲線で囲まれる領域の向きとは何かということと，公式に現れる符号に注意してほしい．公式の厳密な証明は9章で扱う．

グリーン（George Green, 1793-1841）

3.1 三角形に対するグリーンの定理

Ω の境界を C としたときに,関係式
$$\iint_\Omega (Q_x(x,y) - P_y(x,y))\,dx\,dy = \oint_C P(x,y)\,dx + Q(x,y)\,dy$$
が成り立つ.これがグリーンの定理と呼ばれる関係式である.ここではこの式を考察しよう.

座標平面 $\mathbb{R}^2$ に同一直線上にはない 3 点 P, Q, R が与えられたとき,これらの座標を $P(x_1, y_1)$, $Q(x_2, y_2)$, $R(x_3, y_3)$ とする.また,P, Q, R, P の順番に三角形 PQR の周 ∂T を回ると,正の向きになると仮定する.$\mathbb{R}^2$ 上の連続関数 $f : \mathbb{R}^2 \to \mathbb{R}$ に対して,∂T を正の向きに回る積分 $\oint_{\partial T} f(x,y)\,dx$, $\oint_{\partial T} f(x,y)\,dy$ を考えよう.向きを込めて,∂T がパラメータ

$$(\gamma_1(t), \gamma_2(t)) = \begin{cases} \begin{pmatrix} (1-t)x_1 + tx_2 \\ (1-t)y_1 + ty_2 \end{pmatrix} & (0 \leq t \leq 1 \text{ のとき}) \\ \begin{pmatrix} (2-t)x_2 + (t-1)x_3 \\ (2-t)y_2 + (t-1)y_3 \end{pmatrix} & (1 \leq t \leq 2 \text{ のとき}) \\ \begin{pmatrix} (3-t)x_3 + (t-2)x_1 \\ (3-t)y_3 + (t-2)y_1 \end{pmatrix} & (2 \leq t \leq 3 \text{ のとき}) \end{cases}$$

による曲線で実現されているとする[*)].$t = 0, 1, 2, 3$ でのベクトル $(\gamma_1(t), \gamma_2(t))$ の値はそれぞれ (x_1, y_1), (x_2, y_2), (x_3, y_3), (x_1, y_1) である.

[*)] ここでは記述を若干簡略化するために縦ベクトルを用いた.

3.1 三角形に対するグリーンの定理

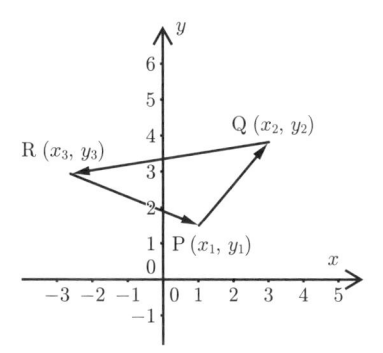

(1) $f(x,y) = 1$, つまり f が定数関数 1 の場合を考えよう. 定義に従って計算すると,

$$\oint_{\partial T} f(x,y)\,dx$$
$$= \int_0^1 (x_2 - x_1)\,dt + \int_1^2 (x_3 - x_2)\,dt + \int_2^3 (x_1 - x_3)\,dt$$
$$= x_2 - x_1 + x_3 - x_2 + x_1 - x_3 = 0$$

となる. 同様に, dx を dy に置き換えても積分値は 0 となる.

(2) $f(x,y) = x$ の場合を考えよう. 定義に従って計算すると,

$$\oint_{\partial T} f(x,y)\,dx = \int_0^1 ((1-t)x_2 + tx_1)(x_2 - x_1)\,dt$$
$$+ \int_1^2 ((1-t)x_3 + tx_2)(x_3 - x_2)\,dt$$
$$+ \int_2^3 ((1-t)x_1 + tx_3)(x_1 - x_3)\,dt$$

で, この積分を計算すると

$$\oint_{\partial T} f(x,y)\,dx = \frac{(x_2 + x_1)(x_2 - x_1)}{2} + \frac{(x_3 + x_2)(x_3 - x_2)}{2}$$
$$+ \frac{(x_1 + x_3)(x_1 - x_3)}{2} = 0$$

となる. 同様に,

$$\oint_{\partial T} f(x,y)\, dy = \int_0^1 ((1-t)x_2 + tx_1)(y_2 - y_1)\, dt$$
$$+ \int_1^2 ((1-t)x_3 + tx_2)(y_3 - y_2)\, dt$$
$$+ \int_2^3 ((1-t)x_1 + tx_3)(y_1 - y_3)\, dt$$
$$= \frac{(x_2 + x_1)(y_2 - y_1)}{2} + \frac{(x_3 + x_2)(y_3 - y_2)}{2}$$
$$+ \frac{(x_1 + x_3)(y_1 - y_3)}{2}$$

となるが，この式を展開すると，

$$\frac{x_2 y_2 + x_1 y_2 - x_2 y_1 - x_1 y_1 + x_3 y_3 + x_2 y_3 - x_3 y_2 - x_2 y_2}{2}$$
$$+ \frac{x_1 y_1 + x_3 y_1 - x_3 y_2 - x_3 y_3}{2}$$

となる．打ち消しあうものに注意しながら整理することで

$$\oint_{\partial T} f(x,y)\, dy = \frac{x_1 y_2 - x_2 y_1 + x_2 y_3 - x_3 y_2 + x_3 y_1 - x_3 y_2}{2}$$
$$= T \text{ の面積} \tag{3.1}$$

となる．

(3) $f(x,y) = y$ の場合は，先ほどの計算で x, y を入れ替えて考えればよいから，式 (3.1) で x, y が入れ替わった式が得られる．したがって，$\oint_{\partial T} f(x,y)\, dx = -T \text{ の面積}$，$\oint_{\partial T} f(x,y)\, dy = 0$ となる．

3.2 グリーンの定理

　グリーンの定理とは領域上の関数の積分に関する定理であるが，領域とは一般に連結開集合なので，$\mathbb{R}^2$ の部分集合 D が領域であるとは，定義 1.28 の 2 条件を満たすことであることを復習しておこう．

定理 3.1　**グリーンの定理**

　Ω を区分的に C^1-級曲線 C で反時計回りに囲まれる $\mathbb{R}^2$ の有界領域とする．C^1-級関数 P, Q は Ω と，Ω の境界の合併である閉包 $\overline{\Omega}$ を含む領域 D で定義されているとする．このとき，
$$\iint_\Omega (Q_x(x,y) - P_y(x,y))\,dx\,dy = \oint_C P(x,y)\,dx + Q(x,y)\,dy$$
が成り立つ．

3.3 グリーンの定理の計算例と応用例

　単純閉曲線とは閉曲線のうちで，始点と終点以外には自己交差がないものである．このような曲線は後に示すように，平面を 2 つの領域に分ける．このうち，有界な領域を内部領域という．内部領域の面積つまり内部面積の計算をしよう．

例 3.2　**内部面積の計算公式**

　D を滑らかな単純閉曲線 C によって囲まれた有界領域とする．このとき，C に反時計回りの向きを与えるとして，D の面積 $|D|$ は

$$|D| = \frac{1}{2}\oint_C x\,dy - \frac{1}{2}\oint_C y\,dx = \frac{1}{2}\oint_C (x\,dy - y\,dx) \quad (3.2)$$

が成り立つ．実際に，グリーンの定理

$$\oint_C P(x,y)\,dx + Q(x,y)\,dy = \iint_D (Q_x(x,y) - P_y(x,y))\,dx\,dy$$

において，特に $P(x,y) = -y$, $Q(x,y) = x$ を代入すれば，$\oint_C (x\,dy - y\,dx) = 2|D|$ となる．よって，この等式の両辺を 2 で割ることによって，式 (3.2) を得る．

グリーンの定理を使う際には，曲線は領域を囲っていないといけない．半円などは直径を補充しない限りは，領域を囲っていないので，グリーンの定理を使う際には，直線の寄与を補充するか，グリーンの定理を用いるのを諦めてパラメータを入れて直接線積分を計算しないといけない．

3.4 章末問題

問題 3.1

$D = \{(x,y) : x, y \geq 0,\ x^2 + y^2 \leq 4\}$, C を領域 D の境界で，その向きを反時計回りとする．$I = \oint_C (x^2 + y^2, 3x^2 y) \cdot d\vec{r}$ を計算せよ．

問題 3.2

$x = \theta - \sin\theta$, $y = 1 - \cos\theta$, $\theta \in [0, 2\pi]$ で与えられる曲線と x 軸で囲まれる領域を D とする．D の境界を C として，C に時計回りの向きを与える．$I = \oint_C x\,dy$ を求めよ．

【注意】
$$\int_0^{\frac{\pi}{2}} \sin^{2n} \theta \, d\theta = \frac{2n-1}{2n} \times \frac{2n-3}{2n-2} \times \cdots \times \frac{1}{2} \times \frac{\pi}{2}$$

は用いて構わない．

問題 3.3

一次関数 $f(x,y), g(x,y)$ を $f(x,y) = 4x + 3y$, $g(x,y) = -4x + 3y$ で定める．正方形 $[0,1]^2$ の境界 C に反時計回りの向きを与える．$I = \oint_C f(x,y)\, dx + g(x,y)\, dy$ を計算せよ．

問題 3.4

座標平面内で 4 点 $(0,0), (0,1), (3,6), (-1,1)$ が作る四角形 Δ の辺をこの順番に回って，最後に $(0,0)$ に戻ることで得られる折れ線を C とする．$f(x,y) = 4x - 8y - 9, g(x,y) = 4x - 5y - 7$ とするとき，線積分 $I = \oint_C f(x,y)\, dx + g(x,y)\, dy$ を求めよ．

問題 3.5

- $C = \{(x,y) \in \mathbb{R}^2 : x^2 + y^2 = 14|x| + 48|y|\}$
- $f(x,y) = 3x^2 + 2xy + 9y^2 + 8x + 7y + 9$
- $g(x,y) = 4x^2 + xy + y^2 + 6x + 8y + 3$

とおく．C に反時計回りの向きを入れるとき，C の長さ ℓ と線積分 $I = \oint_C f(x,y)\, dx + g(x,y)\, dy$ を求めよ．

第 4 章

ベクトル場, スカラー場

　ここではベクトル解析という科目の主役ともいえる 3 次元ベクトルの外積, 3 次元ベクトル場の発散と回転, 3 次元実数値関数の勾配に関して説明する.

3次元ベクトル場とは，共通の領域 $D \subset \mathbb{R}^3$ において定義された関数 F_1, F_2, F_3 のつくるベクトル (F_1, F_2, F_3) のことである．これに対して，ベクトル場と区別するために，単なる関数 F はスカラー場ということがある．

例えば，磁場 $\boldsymbol{B}$ は位置に応じて，向きが変わるためにベクトル場とみなせる．また，電流 $\boldsymbol{j}$ も同様にベクトル場とみなせる．一方で，温度は向きがあるわけではないので，スカラー場と考えられる．

これらのベクトル場，スカラー場には，冒頭文で述べた重要な演算がそろっているので，それを解説する．

4.1 勾配

スカラー場，つまり関数が与えられたときに，勾配とは偏導関数を順次並べて得られるベクトル場である．つまり，次のように定義する．

定義 4.1　勾配，グラディエント

F を $\mathbb{R}^3$ の開集合 U 上で定義された関数とする．この関数は偏微分が可能と仮定して，
$$\mathrm{grad}(F)(x,y,z) = \left(\frac{\partial F}{\partial x}(x,y,z), \frac{\partial F}{\partial y}(x,y,z), \frac{\partial F}{\partial z}(x,y,z) \right)$$
と定め，F の勾配という．$\mathrm{grad}(F)$ をグラディエントエフと読む．grad は gradient の略である．

例 4.2

$F(x, y, z) = x^3 - y^4 + 2xyz^5$ の勾配は $\mathrm{grad}(F)(x, y, z) = (3x^2 + 2yz^5, -4y^3 + 2xz^5, 10xyz^4)$ となる．

4.2　3次元ベクトル場の発散

次にベクトル場の発散を考える．発散という用語は数列や関数の極限の発散に使われているものであるが，ベクトル場の発散は極限の発散とはまったく関係がなく，別の概念である．

定義 4.3　発散，ダイバージェンス

ベクトル場 $\mathbb{F} = (F_1, F_2, F_3)$ が与えられたときに，その発散 $\mathrm{div}(\mathbb{F})$ と呼ばれるスカラー場を

$$\mathrm{div}(\mathbb{F}) = \frac{\partial F_1}{\partial x} + \frac{\partial F_2}{\partial y} + \frac{\partial F_3}{\partial z}$$

と定める．$\mathrm{div}(\mathbb{F})$ をダイバージェンス（ベクトル）エフと読む．ここで，div は divergence の略である．

ρ を電荷密度，$\mathbb{E}$ を電場ベクトル，ε_0 を真空の誘電率とするとき，電磁気学におけるガウスの定理は $\mathrm{div}(\mathbb{E}) = \dfrac{\rho}{\varepsilon_0}$ と表される．

例 4.4

ベクトル場 $(x^3, 3y^4, xz^5)$ の発散は $\mathrm{div}(x^3, 3y^4, xz^5) = 3x^2 + 12y^3 + 5xz^4$ となる．

div はスカラー場に対しては定義されないので，注意しよう．

4.3　3次元ベクトルの回転

ベクトル場 (u,v,w) が与えられると，回転という演算子によって新しいベクトル場 $\mathrm{rot}(u,v,w)$ が与えられる．$\mathrm{rot}(u,v,w)$ はローテーション（ベクトル）ユーブイダブリューと読む．ここで，rot は rotation の略である．

具体的に $\mathrm{rot}(u,v,w)$ を定義しよう．行列式 $\det\begin{pmatrix} X & Y & Z \\ \alpha & \beta & \gamma \\ u & v & w \end{pmatrix}$ につき，$(X,Y,Z) = (\vec{\mathbf{e}_1},\vec{\mathbf{e}_2},\vec{\mathbf{e}_3})$, $(\alpha,\beta,\gamma) = \left(\dfrac{\partial}{\partial x},\dfrac{\partial}{\partial y},\dfrac{\partial}{\partial z}\right) = (\partial x, \partial y, \partial z)$ とおくことで，3次元ベクトル場の回転 $\mathrm{rot}(u,v,w)$ の定義が得られる．つまり，$(u,v,w) = (u(x,y,z), v(x,y,z), w(x,y,z))$ をベクトル場として，$\mathrm{rot}(u,v,w) = \det\begin{pmatrix} \vec{\mathbf{e}_1} & \vec{\mathbf{e}_2} & \vec{\mathbf{e}_3} \\ \dfrac{\partial}{\partial x} & \dfrac{\partial}{\partial y} & \dfrac{\partial}{\partial z} \\ u & v & w \end{pmatrix}$ である．

形式的にこの行列式をサラス展開すれば，

$$\mathrm{rot}(u,v,w) = \frac{\partial w}{\partial y}\vec{\mathbf{e}_1} + \frac{\partial u}{\partial z}\vec{\mathbf{e}_2} + \frac{\partial v}{\partial x}\vec{\mathbf{e}_3} - \frac{\partial v}{\partial z}\vec{\mathbf{e}_1} - \frac{\partial w}{\partial x}\vec{\mathbf{e}_2} - \frac{\partial u}{\partial y}\vec{\mathbf{e}_3}$$

基本ベクトルの定義を代入すると，

$$\mathrm{rot}(u,v,w) = \left(\frac{\partial w}{\partial y} - \frac{\partial v}{\partial z}, \frac{\partial u}{\partial z} - \frac{\partial w}{\partial x}, \frac{\partial v}{\partial x} - \frac{\partial u}{\partial y}\right)$$

が得られる．

例 4.5

(x^3, y^4, xz^5) はベクトル場である．それの回転を計算すると，

$$\mathrm{rot}(x^3, y^4, xz^5) = \det \begin{pmatrix} \vec{e_1} & \vec{e_2} & \vec{e_3} \\ \partial x & \partial y & \partial z \\ x^3 & y^4 & xz^5 \end{pmatrix} = (0, -z^5, 0)$$

となる.

【注意】 rot もスカラー場に対しては定義されないので,注意しよう.

偏微分記号 $\dfrac{\partial}{\partial x}, \dfrac{\partial}{\partial y}, \dfrac{\partial}{\partial z}$ は演算子と呼ばれる数学の記号の一種で,順番を交換できない.たとえば,

$$\mathrm{rot}(u,v,w) = \frac{\partial w}{\partial y}\vec{e_1} + \frac{\partial u}{\partial z}\vec{e_2} + \frac{\partial v}{\partial x}\vec{e_3} - \frac{\partial v}{\partial z}\vec{e_1} - \frac{\partial w}{\partial x}\vec{e_2} - \frac{\partial u}{\partial y}\vec{e_3}$$

を

$$\mathrm{rot}(u,v,w)$$
$$= w\frac{\partial}{\partial y}\vec{e_1} + u\frac{\partial}{\partial z}\vec{e_2} + v\frac{\partial}{\partial x}\vec{e_3} - v\frac{\partial}{\partial z}\vec{e_1} - w\frac{\partial}{\partial x}\vec{e_2} - u\frac{\partial}{\partial y}\vec{e_3}$$

などとはできない(右辺は正しい回転 rot の定義とは違う意味になる)ので注意しよう.

4.4 章末問題

問題 4.1

$\vec{u} = (2x^2y, -2xy^2 - 2y^3z, 3y^2z^2)$ で与えられるベクトル場の発散 $\mathrm{div}(\vec{u})$ を求めよ.

第 4 章 ベクトル場，スカラー場

問題 4.2

次のベクトル場 $\mathbb{A}$ に対して，発散 $\mathrm{div}(\mathbb{A})$ と回転 $\mathrm{rot}(\mathbb{A})$ を求めよ．

(1) $\mathbb{A}(x, y, z) = (e^x, z, -e^{-z})$

(2) $\mathbb{A}(x, y, z) = (x^2 y, -xy^2 - y^2 z, yz^2)$

(3) $\mathbb{A}(x, y, z) = (x^2 y, y^2 z, xz^2)$

(4) $\mathbb{A}(x, y, z) = (x^3 y, -3xyz, 2yz)$

(5) $\mathbb{A}(x, y, z) = (x, 2y, 3z)$

(6) $\mathbb{A}(x, y, z) = \vec{a} \times \vec{x}$ $(\vec{a} = (a_1, a_2, a_3), \vec{x} = (x, y, z))$

(7) $\mathbb{A} = \mathrm{grad}(f)$ だたし，f は滑らか（つまり微分可能）とする．

(8) $\mathbb{A}(x, y, z) = (5xyz, -3x^3 y, x + 3yz)$

(9) $\mathbb{A} = \mathrm{rot}(\mathbb{F})$ だたし，$\mathbb{F}$ は滑らか（つまり微分可能）とする．

(10) $\mathbb{A}(x, y, z) = (\sin x)\vec{\mathbf{e}_1} + (\cos z)\vec{\mathbf{e}_3}$

問題 4.3

関数 f とベクトル場 $\mathbb{F}$ を次のように与える．

(1) $f(x, y, z) = e^x - 2y + e^z$, $\mathbb{F}(x, y, z) = (\cos x, z, e^y)$

(2) $f(x, y, z) = x^2 + y^3 + \cos y + z^2$, $\mathbb{F}(x, y, z) = -(\cos x, z, \sin x)$

(1),(2) それぞれの場合について，次のアからコまでの各値を求めよ．また意味を成さないものは「存在しない」と答えよ．

ア $\mathrm{div}(f)$，イ $\mathrm{div}(\mathbb{F})$，ウ $\mathrm{rot}(f)$，エ $\mathrm{rot}(\mathbb{F})$，オ $\mathrm{grad}(f)$，カ $g(x) = (f(x, x, x) - f(0, 0, 0))^3 e^x \sin x$ とするとき，$g^{(m)}(0) \neq 0$ となる最小の m とその時の $g^{(m)}(0)$ の値．

キ 関数 f のラプラシアン $\Delta f \left(= \dfrac{\partial^2 f}{\partial x^2} + \dfrac{\partial^2 f}{\partial y^2} + \dfrac{\partial^2 f}{\partial z^2} \right)$

ク $f(x, y, z) = f(0, 0, 0)$ で与えられる曲面の $(0, 0, 0)$ における接平面 Π（パラメータ表示は不可）

ケ $f(x, y, z) = f(0, 0, 0)$ で与えられる曲面の $(0, 0, 0)$ における法線 ℓ（パラメータ表示は不可）

コ Π と $(3, -4, 8)$ との距離 d

第5章

ストークスの定理

　積分の3大基本定理の一つ，ストークスの定理を考察する．発散がここではカギとなる．曲面と，その境界のなす図形の違いを区別してほしい．

　また，回転はベクトル場をベクトル場に移すために，公式を間違えやすいので注意が必要である．

ストークス（Sir George Gabriel Storkes, 1819-1903）

5.1　外向き単位法線ベクトル

正則曲面が与えられたときに法線が考えられるが，長さが 1 の法線ベクトルは 2 つある．境界をもつ場合は，その境界を反時計回りに回ることと法線ベクトルに関して右ねじの向きに回ることが同じになるような法線ベクトルをとる．このような法線ベクトルを外向き単位法線ベクトルという．この場合は，その境界を反時計回りに回ることを正の向きに回るということもある．

例 5.1

xy 平面内の円板 $S = \{(x,y,0) : x^2 + y^2 \leq 1\}$ に対しては，$(0,0,1)$ が外向き法線ベクトルとすると，$(\cos\theta, \sin\theta, 0)$, $0 \leq \theta \leq 2\pi$ が正の向きにまわっていることになる．

5.2　三角形に対するストークスの定理

基本的な図形に対する面積分などを計算して，ストークスの定理の証明の準備をしよう．これらの準備が計算例となっている．

例 5.2

空間内の点 P, Q, R は同一直線上にはないとする．$S = \triangle\mathrm{PQR}$ とする．それぞれの座標を

$\mathrm{P}(x_1, y_1, z_1), \mathrm{Q}(x_2, y_2, z_2), \mathrm{R}(x_3, y_3, z_3)$

と表す．P, Q, R は同一直線上にはないから，外積

$$\overrightarrow{PQ} \times \overrightarrow{PR}$$
$$= (x_2 - x_1, y_2 - y_1, z_2 - z_1) \times (x_3 - x_1, y_3 - y_1, z_3 - z_1)$$

はゼロベクトル $(0,0,0)$ ではない．外積の定義から，$\overrightarrow{PQ} \times \overrightarrow{PR}$ は平面 S に直交する．このことから，$\vec{v} = \dfrac{\overrightarrow{PQ} \times \overrightarrow{PR}}{|\overrightarrow{PQ} \times \overrightarrow{PR}|}$ と定めて，$\vec{v}$ を外向き法線ベクトルとして，$\triangle$PQR 上の面積分を計算する．

まずは，$i = 1, 2, 3$ に対して，
$$I_i = \iint_{\triangle \text{PQR}} \vec{e_i} \cdot \vec{v} \, d\sigma$$

を計算しよう．I_1 から始めることにしよう．被積分関数は定数であるから，$\triangle$PQR の面積 $|\sigma| = \dfrac{1}{2}|\overrightarrow{PQ} \times \overrightarrow{PR}|$ を用いて，

$$I_1 = \vec{e_1} \cdot \vec{v} \iint_{\triangle \text{PQR}} d\sigma$$
$$= \vec{e_1} \cdot \vec{v} |\sigma| = \frac{1}{2} \vec{e_1} \cdot (\overrightarrow{PQ} \times \overrightarrow{PR}) \tag{5.1}$$

と表せる．式 (5.1) には外積と内積が出てきていることに注意しよう．ここで，外積 $\overrightarrow{PQ} \times \overrightarrow{PR}$ を成分 $x_1, x_2, \ldots$ を用いて書き表す．縦ベクトルと横ベクトルを同一視する．定理 2.6 から，

$$I_1 = \frac{1}{2} \vec{e_1} \cdot \begin{pmatrix} x_2 - x_1 \\ y_2 - y_1 \\ z_2 - z_1 \end{pmatrix} \times \begin{pmatrix} x_3 - x_1 \\ y_3 - y_1 \\ z_3 - z_1 \end{pmatrix}$$
$$= \frac{1}{2} \det \begin{pmatrix} 1 & 0 & 0 \\ x_2 - x_1 & y_2 - y_1 & z_2 - z_1 \\ x_3 - x_1 & y_3 - y_1 & z_3 - z_1 \end{pmatrix}$$
$$= \frac{(y_2 - y_1)(z_3 - z_1) - (y_3 - y_1)(z_2 - z_1)}{2}$$

となる．これは

$$I_1 = \frac{1}{2}(y_2 z_3 + y_3 z_1 - y_1 z_3 - y_3 z_2 - y_1 z_3 + y_3 z_1)$$
$$= \frac{1}{2} \det \begin{pmatrix} 1 & y_1 & z_1 \\ 1 & y_2 & z_2 \\ 1 & y_3 & z_3 \end{pmatrix}$$

となることに注意しよう.

つぎに,I_2 を計算したい.定義に戻ると,

$$I_2 = \iint_{\triangle \mathrm{PQR}} \vec{\mathbf{e}_2} \cdot \vec{v} \, d\sigma = \vec{\mathbf{e}_2} \cdot \vec{v} |\sigma|$$
$$= \frac{\vec{\mathbf{e}_2} \cdot (x_2 - x_1, y_2 - y_1, z_2 - z_1) \times (x_3 - x_1, y_3 - y_1, z_3 - z_1)}{2}$$

である.したがって,

$$I_2 = \frac{1}{2} \det \begin{pmatrix} 0 & 1 & 0 \\ x_2 - x_1 & y_2 - y_1 & z_2 - z_1 \\ x_3 - x_1 & y_3 - y_1 & z_3 - z_1 \end{pmatrix}$$

である.この行列式と $\det \begin{pmatrix} 1 & z_1 & x_1 \\ 1 & z_2 & x_2 \\ 1 & z_3 & x_3 \end{pmatrix}$ を展開して見比べると,

$$I_2 = \frac{1}{2} \det \begin{pmatrix} x_1 & 1 & z_1 \\ x_2 & 1 & z_2 \\ x_3 & 1 & z_3 \end{pmatrix} = \frac{1}{2} \det \begin{pmatrix} 1 & z_1 & x_1 \\ 1 & z_2 & x_2 \\ 1 & z_3 & x_3 \end{pmatrix}$$

となる.同様にして,

$$I_3 = \frac{1}{2} \det \begin{pmatrix} 1 & x_1 & y_1 \\ 1 & x_2 & y_2 \\ 1 & x_3 & y_3 \end{pmatrix}$$

である.

次に，$i=1,2,3$ として，$J_i = \iint_{\triangle \mathrm{PQR}} x\vec{\mathbf{e}_1} \cdot \vec{v}\, d\sigma$ を計算しよう．曲面 $S = \triangle \mathrm{PQR}$ を

$$\begin{cases} \gamma_1(s,t) = x_1 + (x_2-x_1)s + (x_3-x_1)t \\ \gamma_2(s,t) = y_1 + (y_2-y_1)s + (y_3-y_1)t \\ \gamma_3(s,t) = z_1 + (z_2-z_1)s + (z_3-z_1)t \end{cases}$$

とパラメータを付けて，面積分を計算していくことにする．(1) で計算したように，$\dfrac{1}{2}\vec{\mathbf{e}_1} \cdot \overrightarrow{\mathrm{PQ}} \times \overrightarrow{\mathrm{PR}} = I_1$（式 (5.1) を参照のこと）であった．

$$\left(\frac{\partial \gamma_1}{\partial s}(s,t), \frac{\partial \gamma_2}{\partial s}(s,t), \frac{\partial \gamma_3}{\partial s}(s,t)\right) = (x_2-x_1, y_2-y_1, z_2-z_1),$$
$$\left(\frac{\partial \gamma_1}{\partial s}(s,t), \frac{\partial \gamma_2}{\partial s}(s,t), \frac{\partial \gamma_3}{\partial s}(s,t)\right) = (x_3-x_1, y_3-y_1, z_3-z_1)$$

だから，$d\sigma$ と $ds\, dt$ の関係は，縦ベクトルと横ベクトルを混在させて計算すると，

$$\begin{aligned} d\sigma &= \left| \begin{pmatrix} \frac{\partial \gamma_1}{\partial s}(s,t) \\ \frac{\partial \gamma_2}{\partial s}(s,t) \\ \frac{\partial \gamma_3}{\partial s}(s,t) \end{pmatrix} \times \begin{pmatrix} \frac{\partial \gamma_1}{\partial s}(s,t) \\ \frac{\partial \gamma_2}{\partial s}(s,t) \\ \frac{\partial \gamma_3}{\partial s}(s,t) \end{pmatrix} \right| ds\, dt \\ &= \left| \begin{pmatrix} x_2-x_1 \\ y_2-y_1 \\ z_2-z_1 \end{pmatrix} \times \begin{pmatrix} x_3-x_1 \\ y_3-y_1 \\ z_3-z_1 \end{pmatrix} \right| ds\, dt \\ &= |\overrightarrow{\mathrm{PQ}} \times \overrightarrow{\mathrm{PR}}|\, ds\, dt \end{aligned}$$

となる．この変換則を用いると，

$$J_1 = \iint_{s+t\leq 1,\, s,t\geq 0} (x_1 + (x_2 - x_1)s + (x_3 - x_1)t)$$
$$\times \left(\overrightarrow{\mathbf{e}_1} \cdot \frac{\overrightarrow{PQ} \times \overrightarrow{PR}}{|\overrightarrow{PQ} \times \overrightarrow{PR}|} |\overrightarrow{PQ} \times \overrightarrow{PR}|\right) ds\, dt$$
$$= 2I_1 \iint_{s+t\leq 1,\, s,t\geq 0} (x_1 + (x_2 - x_1)s + (x_3 - x_1)t)\, ds\, dt$$

となる．この積分を計算して，

$$J_1 = 2I_1 \int_0^1 \left(\int_0^{1-t} (x_1 + (x_2 - x_1)s + (x_3 - x_1)t)\, ds \right) dt$$
$$= 2I_1 \int_0^1 (1-t)\left(x_1 + \frac{(x_2 - x_1)(1-t)}{2} + (x_3 - x_1)t \right) dt$$
$$= \frac{1}{3}(x_1 + x_2 + x_3)I_1 = -\frac{1}{6}\det\begin{pmatrix} 0 & 1 & y_1 & z_1 \\ 0 & 1 & y_2 & z_2 \\ 0 & 1 & y_3 & z_3 \\ x_1 + x_2 + x_3 & 1 & y_4 & z_4 \end{pmatrix}$$

である．同様に，

$$J_2 = \frac{1}{3}(y_1 + y_2 + y_3)I_2, \quad J_3 = \frac{1}{3}(z_1 + z_2 + z_3)I_3 \quad (5.2)$$

である．

5.3 ストークスの定理

ストークスの定理とは

$$\oint_{\partial\Omega} \mathbb{A}(x,y,z)\, \overrightarrow{\mathbf{n}}(x,y,z)\, ds(x,y,z)$$
$$= \iint_\Omega \mathrm{rot}(\mathbb{A}(x,y,z)) \cdot \overrightarrow{\mathbf{n}}(x,y,z)\, d\sigma(x,y,z)$$

という等式を指すが，この等式を証明しよう．

Ω を三角形とする．$P(x_1, y_1, z_1)$, $Q(x_2, y_2, z_2)$, $R(x_3, y_3, z_3)$ と表す．3点 P, Q, R は同一直線上にはないとする．つまり，

$$(x_3 - x_1) : (x_2 - x_1) = (y_3 - y_1) : (y_2 - y_1)$$
$$= (z_3 - z_1) : (z_2 - z_1)$$

ではないとする．

P を始点，Q を終点とする線分 $P \to Q$ を考える．$\vec{t}$ をこの曲線（向き付けられた線分 PQ）に関する単位接ベクトルとする．

$P \to Q$ は

$$x = (x_2 - x_1)t + x_1,\ y = (y_2 - y_1)t + y_1,\ z = (z_2 - z_1)t + z_1$$

とパラメータづけされる．

$$\left(\frac{dx}{dt}, \frac{dy}{dt}, \frac{dz}{dt} \right) = (x_2 - x_1, y_2 - y_1, z_2 - z_1)$$

であるから，$\vec{t}$ は

$$\vec{t} = \frac{(x_2 - x_1, y_2 - y_1, z_2 - z_1)}{\sqrt{(x_2 - x_1)^2 + (y_2 - y_1)^2 + (z_2 - z_1)^2}}$$

で与えられる．

内積を計算すると，

$$\vec{e_1} \cdot \vec{t} = \frac{x_2 - x_1}{\sqrt{(x_2 - x_1)^2 + (y_2 - y_1)^2 + (z_2 - z_1)^2}}$$
$$\vec{e_2} \cdot \vec{t} = \frac{y_2 - y_1}{\sqrt{(x_2 - x_1)^2 + (y_2 - y_1)^2 + (z_2 - z_1)^2}}$$
$$\vec{e_3} \cdot \vec{t} = \frac{z_2 - z_1}{\sqrt{(x_2 - x_1)^2 + (y_2 - y_1)^2 + (z_2 - z_1)^2}}$$

である．また，

$$ds = \sqrt{(x_2 - x_1)^2 + (y_2 - y_1)^2 + (z_2 - z_1)^2}\, dt$$

となる．したがって，

$$\int_{P\to Q} \overrightarrow{e_1}\cdot \overrightarrow{t}\,ds = \int_0^1 (x_2-x_1)\,dt = x_2-x_1 \quad \cdots\cdots(1)$$

$$\int_{P\to Q} x\overrightarrow{e_1}\cdot \overrightarrow{t}\,ds = \int_0^1 ((1-t)x_1+tx_2)(x_2-x_1)\,dt = \frac{x_2{}^2-x_1{}^2}{2}$$

$$\int_{P\to Q} y\overrightarrow{e_1}\cdot \overrightarrow{t}\,ds = \int_0^1 ((1-t)y_1+ty_2)(x_2-x_1)\,dt$$
$$= \frac{1}{2}(y_1+y_2)(x_2-x_1)$$

$$\int_{P\to Q} z\overrightarrow{e_1}\cdot \overrightarrow{t}\,ds = \int_0^1 ((1-t)z_1+tz_2)(x_2-x_1)\,dt$$
$$= \frac{1}{2}(z_1+z_2)(x_2-x_1)$$

となる．

△PQR の境界（∂△PQR）に向きを反時計回りで与えよう．すると，(1) から，

$$\oint_{\partial\triangle PQR} \overrightarrow{e_1}\cdot \overrightarrow{t}\,ds = \oint_{\partial\triangle PQR} x\overrightarrow{e_1}\cdot \overrightarrow{t}\,ds = 0$$

であるが，たとえば，

$$\oint_{\partial\triangle PQR} y\overrightarrow{e_1}\cdot \overrightarrow{t}\,ds = \frac{1}{2}(y_1+y_2)(x_2-x_1) + \frac{1}{2}(y_2+y_3)(x_3-x_2)$$
$$+ \frac{1}{2}(y_3+y_1)(x_1-x_3)$$
$$= \frac{1}{2}(y_2-y_3)(x_2-x_1) + \frac{1}{2}(y_2-y_1)(x_3-x_2)$$
$$= \frac{1}{2}\det\begin{pmatrix} y_2-y_3 & x_2-x_3 \\ y_2-y_1 & x_2-x_1 \end{pmatrix}$$
$$= -\frac{1}{2}\det\begin{pmatrix} 1 & x_1 & y_1 \\ 1 & x_2 & y_2 \\ 1 & x_3 & y_3 \end{pmatrix}$$

となる．同様にして，

$$\oint_{\partial\triangle\mathrm{PQR}} z\vec{\mathbf{e}_1}\cdot\vec{\boldsymbol{t}}\,ds = -\frac{1}{2}\det\begin{pmatrix}1 & x_1 & z_1 \\ 1 & x_2 & z_2 \\ 1 & x_3 & z_3\end{pmatrix}$$

となる．このような計算を繰り返していくと，各成分が1次式で表されるベクトル場 $\mathbb{A}(x,y,z) = (A_1(x,y,z), A_2(x,y,z), A_3(x,y,z))$ に対して，

$$\oint_{\partial\triangle\mathrm{PQR}} \mathbb{A}(x,y,z)\cdot\vec{\boldsymbol{t}}\,(x,y,z)\,ds$$
$$= \iint_{\triangle\mathrm{PQR}} \mathrm{rot}(\mathbb{A}(x,y,z))\cdot\vec{\mathbf{n}}(x,y,z)\,d\sigma$$

が得られる．ここで，$\vec{\mathbf{n}}$ は外向き法線ベクトルである．

グリーンの定理と同じく，三角形に近似する方法と一次式に近似する方法を組み合わせて次のストークスの定理が得られる．証明は省略する．

定理 5.3　ストークスの定理

$\Omega \subset \mathbb{R}^2$ を有界領域，D を Ω とその境界 ∂D をも含む領域として，そこで定義された C^1-級写像 $\alpha : D \to \mathbb{R}^3$ を考える．$\vec{\boldsymbol{t}}(x,y,z)$ で境界の接線ベクトルを表すとする．このとき，$\alpha|\partial D : \partial D \to \mathbb{R}^3$ とそれに対応する外向き法線ベクトル $\vec{\mathbf{n}}$ に対して，

$$\iint_{\alpha(\partial\Omega)} \mathbb{A}(x,y,z)\cdot\vec{\boldsymbol{t}}\,(x,y,z)\,ds(x,y,z)$$
$$= \iint_{\Omega} \mathbb{A}(x,y,z)\,d\vec{\mathbf{r}}(x,y,z)$$
$$= \iint_{\alpha(\Omega)} \mathrm{rot}(\mathbb{A}(x,y,z))\cdot\vec{\mathbf{n}}(x,y,z)\,d\sigma(x,y,z)$$

が成り立つ．

5.4 ストークスの定理の計算例と応用例

例 5.4

曲面 $S = \{(x, y, z) \in \mathbb{R}^3 : 9z = -x^2 - y^2 + 9, z \geq 0\}$ とベクトル場 $\vec{f}(x, y, z) = (17y^5, x^4 + 3xyz, y^2 e^z)$ に対して，

$$I = \frac{1}{729} \iint_S \vec{f}(x, y, z) \cdot \vec{\mathbf{n}}(x, y, z) \, d\sigma(x, y, z)$$

を計算しよう．但し，$\vec{\mathbf{n}}(x, y, z)$ は $\vec{\mathbf{n}}(0, 0, 1) = (0, 0, 1)$ となる外向き法線ベクトルである．まず，境界 ∂S は $z = 0, x^2 + y^2 = 9$ で，$x = 3\cos\theta, y = 3\sin\theta, z = 0$ とパラメータ表示できる．したがって，$(17y^5, x^4 + 3xyz, y^2 e^z) \cdot d\vec{r} = (-17 \cdot 3^6 \sin^6\theta + 3^5 \cos^5\theta) d\theta$ だから，ストークスの定理によって，

$$I = \frac{1}{729} \int_0^{2\pi} (-17 \cdot 3^6 \sin^6\theta + 3^5 \cos^5\theta) \, d\theta$$

$\int_0^{2\pi} \sin^6\theta \, d\theta = \frac{5 \cdot 3 \cdot 1 \cdot \pi}{6 \cdot 4 \cdot 2 \cdot 2} = \frac{5\pi}{32}$ だから，

$$I = -17 \cdot 4 \cdot \frac{5\pi}{32} = -\frac{5 \cdot 17}{8} \pi = -\frac{85}{8} \pi$$

となる．

5.5 章末問題

問題 5.1

$\mathbb{R}^3$ 上のベクトル場 $\mathbb{A} = (A_1, A_2, A_3)$ と閉曲線 C を (1)〜(3) のように定める．それぞれの条件について，rot($\mathbb{A}$) と

$$I = \oint_C \mathbb{A} \cdot d\overrightarrow{r} = \oint_C (A_1 dx + A_2 dy + A_3 dz)$$

を計算せよ．

(1) $\mathbb{A} = \mathbb{A}(x,y,z) = (y^2 - z^2, z^2 - x^2, x^2 - y^2)$ として，$x^2 + y^2 + z^2 = 4, x + y + z = 3$ で与えられる円を反時計回りに一周して得られる円を C とする．

(2) $\mathbb{A} = \mathbb{A}(x,y,z) = (8x + 6y + 5z, 7x + 8y - 4z, 6x - 5y - 4z)$ として，$z^2 = x^2 + y^2, z = \dfrac{1}{3}(x - 24)$ に z 軸に関して左ねじの向きを与えて，それを C とする．

(3) $\mathbb{A} = \mathbb{A}(x,y,z) = (2x^2y, -2xy^2 - 2y^3z, 3y^2z^2)$ として，$z^3 = x^3 + 3x + 3y^2 - 4, z = x - 1$ で与えられる楕円を反時計回りに一周して得られる曲線を C とする．

問題 5.2

$\mathrm{P} = (0, 0, a)$ を通り，$(0, 0, 1)$ が P における法線ベクトルであるような曲面 S とベクトル場 $\overrightarrow{f} : \mathbb{R}^3 \to \mathbb{R}^3$ を (1),(2) のように与える．

(1) $S = \{(x, y, z) \in \mathbb{R}^3 : z = x^2 + y^2 + 1, z \leq 2\}$, $\overrightarrow{f}(x, y, z) = (2y^3, z^4, x^6)$

(2) $S = \{(x, y, z) \in \mathbb{R}^3 : (z+1)^2 = x^2 + y^2 + 3, 0 \leq z \leq 1\}$, $\overrightarrow{f}(x, y, z) = (60x^2y^3, 19z^4, 48xy + 72y^2)$

$\mathbb{F} = \mathrm{rot}(\overrightarrow{f})$ によって，ベクトル場 $\mathbb{F}$ を定める．a の値を定め，このとき，$\overrightarrow{n_0}$ を表向きとした S 上での面積分 $I = \iint_S \mathbb{F}(x, y, z) \cdot \overrightarrow{n}(x, y, z) \, d\sigma(x, y, z)$ を求めよ．ただし，$\sigma(x, y, z)$ は面（要）素，$\overrightarrow{n}(x, y, z)$ は $\mathrm{P} = (0, 0, a)$ で $\overrightarrow{n_0}$ に一致する外向き法線ベクトルである．

問題 5.3

$\overrightarrow{n}$ を S における単位法線ベクトル場で，それぞれの問の向きに適合しているとする．

(1) 曲面 $S: x^2+y^2+z=1,\ z\geq 0$ とベクトル場 $\mathbb{F}=(-y,x,x^2y^5)$ を考える. $(0,0,1)\in S$ に対して,$(0,0,1)$ を表向きとするような向きを S に与える.$I_1=\displaystyle\iint_S \mathrm{rot}(\mathbb{F})\cdot\overrightarrow{\mathbf{n}}d\sigma$ を求めよ.

(2) 曲面 $S: x^2+y^2+z^2=1,\ y\leq 0$ とベクトル場 $\mathbb{F}=(2z,xz,x)$ を考える.$(0,-1,0)\in S$ に対して,$(0,-1,0)$ を正の向きとするような向きを S に与える.$I_2=\displaystyle\iint_S \mathrm{rot}(\mathbb{F})\cdot\overrightarrow{\mathbf{n}}\,d\sigma$ を求めよ.

【注意】 (i) 法線ベクトルは一般には位置によって,向きが変わる.
(ii) 正の向きとは表向き,外向きという言い方もできる.

第6章

ガウスの定理

　積分の3大基本定理の一つ，ガウスの定理を考察する．発散がここではカギとなる．閉曲面の囲む領域とその境界とは何かをよく考えながらこの定理を使いこなせるようになってほしい．

　また，ガウスの定理に現れる図形と，ストークスの定理に現れる図形の違いにも注意してほしい．

ガウス（Carl Friedrich Gauss, 1777–1855）

6.1 三角錐に対するガウスの定理

例 5.2 は三角形上での計算であったが，三角形を 4 つあわせて，四面体の場合の面積分の計算をする．

例 6.1

P, Q, R, S を同一平面上にはない空間上の点とする．S で四面体 PQRS の表面を表す．P, Q, R, S の座標はそれぞれ，

$$P(x_1, y_1, z_1),\ Q(x_2, y_2, z_2),\ R(x_3, y_3, z_3),\ S(x_4, y_4, z_4)$$

であるとする．$\triangle$PQR において，

$$\vec{V_1} = (x_2 - x_1, y_2 - y_1, z_2 - z_1) \times (x_3 - x_1, y_3 - y_1, z_3 - z_1)$$

が外向き法線ベクトルであるとする．このことは数式で表現すると，$\vec{V_1} \cdot (x_4 - x_1, y_4 - y_1, z_4 - z_1) < 0$ である．さらに，4×4 行列を用いてこのことを表現すると，

$$\det \begin{pmatrix} x_2 - x_1 & y_2 - y_1 & z_2 - z_1 \\ x_3 - x_1 & y_3 - y_1 & z_3 - z_1 \\ x_4 - x_1 & y_4 - y_1 & z_4 - z_1 \end{pmatrix}$$

$$= \det \begin{pmatrix} 1 & 0 & 0 & 0 \\ 1 & x_2 - x_1 & y_2 - y_1 & z_2 - z_1 \\ 1 & x_3 - x_1 & y_3 - y_1 & z_3 - z_1 \\ 1 & x_4 - x_1 & y_4 - y_1 & z_4 - z_1 \end{pmatrix} = \det \begin{pmatrix} 1 & x_1 & y_1 & z_1 \\ 1 & x_2 & y_2 & z_2 \\ 1 & x_3 & y_3 & z_3 \\ 1 & x_4 & y_4 & z_4 \end{pmatrix} < 0$$

と表される．$\triangle$QRS では，外向き法線ベクトルは

$$-(x_3 - x_2, y_3 - y_2, z_3 - z_2) \times (x_4 - x_2, y_4 - y_2, z_4 - z_2)$$

である．実際に，

$$-(x_1 - x_2, y_1 - y_2, z_1 - z_2)$$
$$\cdot \{(x_3 - x_2, y_3 - y_2, z_3 - z_2) \times (x_4 - x_2, y_4 - y_2, z_4 - z_2)\}$$
$$= -\det \begin{pmatrix} x_1 - x_2 & y_1 - y_2 & z_1 - z_2 \\ x_3 - x_2 & y_3 - y_2 & z_3 - z_2 \\ x_4 - x_2 & y_4 - y_2 & z_4 - z_2 \end{pmatrix}$$

となるが，4×4 行列を用いることで，

$$-(x_1 - x_2, y_1 - y_2, z_1 - z_2)$$
$$\cdot \{(x_3 - x_2, y_3 - y_2, z_3 - z_2) \times (x_4 - x_2, y_4 - y_2, z_4 - z_2)\}$$
$$= -\det \begin{pmatrix} 1 & 0 & 0 & 0 \\ 1 & x_1 - x_2 & y_1 - y_2 & z_1 - z_2 \\ 1 & x_3 - x_2 & y_3 - y_2 & z_3 - z_2 \\ 1 & x_4 - x_2 & y_4 - y_2 & z_4 - z_2 \end{pmatrix}$$
$$= -\det \begin{pmatrix} 1 & x_2 & y_2 & z_2 \\ 1 & x_1 & y_1 & z_1 \\ 1 & x_3 & y_3 & z_3 \\ 1 & x_4 & y_4 & z_4 \end{pmatrix} = \det \begin{pmatrix} 1 & x_1 & y_1 & z_1 \\ 1 & x_2 & y_2 & z_2 \\ 1 & x_3 & y_3 & z_3 \\ 1 & x_4 & y_4 & z_4 \end{pmatrix} < 0$$

と表されるからである．△RSP においては

$$(x_4 - x_3, y_4 - y_3, z_4 - z_3) \times (x_1 - x_3, y_1 - y_3, z_1 - z_3)$$

が，△SPQ においては

$$-(x_1 - x_4, y_1 - y_4, z_1 - z_4) \times (x_2 - x_4, y_2 - y_4, z_2 - z_4)$$

が外向き法線ベクトルとなる．

(x, y, z) に対して，$\vec{v} = \vec{v}(x, y, z)$ でその点における外向き単位法線ベクトルを表すことにする．ただし，△PQR においては，

$$\vec{v}(x,y,z) = \frac{\vec{V_1}}{|\vec{V_1}|}$$ であるとする．この面の積分値

$$I_1 = \iint_{\triangle \mathrm{PQR}} \vec{\mathbf{e}_1} \cdot \vec{v}(x,y,z)\, d\sigma(x,y,z)$$

は例 5.2 より，

$$I_1 = -\frac{1}{2} \det \begin{pmatrix} 0 & 1 & y_1 & z_1 \\ 0 & 1 & y_2 & z_2 \\ 0 & 1 & y_3 & z_3 \\ 1 & 1 & y_4 & z_4 \end{pmatrix}$$

である．また，$\triangle \mathrm{QRS}$, $\triangle \mathrm{RSP}$, $\triangle \mathrm{SPQ}$ に対する積分値

$$I_2 = \iint_{\triangle \mathrm{QRS}} \vec{\mathbf{e}_1} \cdot \vec{v}\, d\sigma(x,y,z)$$

$$I_3 = \iint_{\triangle \mathrm{RSP}} \vec{\mathbf{e}_1} \cdot \vec{v}\, d\sigma(x,y,z)$$

$$I_4 = \iint_{\triangle \mathrm{SPQ}} \vec{\mathbf{e}_1} \cdot \vec{v}\, d\sigma(x,y,z)$$

はそれぞれ，I_1 と同じ計算をすることで，

$$I_2 = \frac{1}{2} \det \begin{pmatrix} 0 & 1 & y_2 & z_2 \\ 0 & 1 & y_3 & z_3 \\ 0 & 1 & y_4 & z_4 \\ 1 & 1 & y_1 & z_1 \end{pmatrix} = -\frac{1}{2} \det \begin{pmatrix} 1 & 1 & y_1 & z_1 \\ 0 & 1 & y_2 & z_2 \\ 0 & 1 & y_3 & z_3 \\ 0 & 1 & y_4 & z_4 \end{pmatrix},$$

$$I_3 = -\frac{1}{2} \det \begin{pmatrix} 0 & 1 & y_3 & z_3 \\ 0 & 1 & y_4 & z_4 \\ 0 & 1 & y_1 & z_1 \\ 1 & 1 & y_2 & z_2 \end{pmatrix} = -\frac{1}{2} \det \begin{pmatrix} 0 & 1 & y_1 & z_1 \\ 1 & 1 & y_2 & z_2 \\ 0 & 1 & y_3 & z_3 \\ 0 & 1 & y_4 & z_4 \end{pmatrix},$$

6.1 三角錐に対するガウスの定理

$$I_4 = \frac{1}{2}\det\begin{pmatrix} 0 & 1 & y_4 & z_4 \\ 0 & 1 & y_1 & z_1 \\ 0 & 1 & y_2 & z_2 \\ 1 & 1 & y_3 & z_3 \end{pmatrix} = -\frac{1}{2}\det\begin{pmatrix} 0 & 1 & y_1 & z_1 \\ 0 & 1 & y_2 & z_2 \\ 1 & 1 & y_3 & z_3 \\ 0 & 1 & y_4 & z_4 \end{pmatrix}$$

である．したがって，第 $2,3,4$ 列目が共通の 4 つの行列式を足し合わせることで，

$$\iint_{\partial \mathrm{PQRS}} \overrightarrow{\mathbf{e}_1} \cdot \overrightarrow{v}(x,y,z)\, d\sigma(x,y,z)$$

$$= I_1 + I_2 + I_3 + I_4 = -\frac{1}{2}\det\begin{pmatrix} 1 & 1 & y_1 & z_1 \\ 1 & 1 & y_2 & z_2 \\ 1 & 1 & y_3 & z_3 \\ 1 & 1 & y_4 & z_4 \end{pmatrix} = 0$$

が得られる．ただし，四面体の辺上では $\overrightarrow{v}$ の値が複数あるが，その場合は考えている面に応じてその値を使い分けることにする．

x,y,z の役割を交換して考えても同じことがいえることがわかるので，線形性から任意の実数 a,b,c に対して，

$$\iint_{\partial \mathrm{PQRS}} (a,b,c) \cdot \overrightarrow{v}(x,y,z)\, d\sigma(x,y,z) = 0$$

が得られる．また，例 5.2 の I_1, I_2, I_3 の計算から，

$$\iint_{\triangle \mathrm{PQR}} x\overrightarrow{\mathbf{e}_1} \cdot \overrightarrow{v}\, d\sigma(x,y,z) = -\frac{1}{6}\det\begin{pmatrix} 0 & 1 & y_1 & z_1 \\ 0 & 1 & y_2 & z_2 \\ 0 & 1 & y_3 & z_3 \\ x_1+x_2+x_3 & 1 & y_4 & z_4 \end{pmatrix}$$

となる．同じように考えると，

$$\iint_{\triangle\mathrm{QRS}} x\overrightarrow{\mathbf{e}_1}\cdot\overrightarrow{v}\,d\sigma(x,y,z) = -\frac{1}{6}\det\begin{pmatrix} x_2+x_3+x_4 & 1 & y_1 & z_1 \\ 0 & 1 & y_2 & z_2 \\ 0 & 1 & y_3 & z_3 \\ 0 & 1 & y_4 & z_4 \end{pmatrix}$$

$$\iint_{\triangle\mathrm{RSP}} x\overrightarrow{\mathbf{e}_1}\cdot\overrightarrow{v}\,d\sigma(x,y,z) = -\frac{1}{6}\det\begin{pmatrix} 0 & 1 & y_1 & z_1 \\ x_1+x_3+x_4 & 1 & y_2 & z_2 \\ 0 & 1 & y_3 & z_3 \\ 0 & 1 & y_4 & z_4 \end{pmatrix}$$

$$\iint_{\triangle\mathrm{SPQ}} x\overrightarrow{\mathbf{e}_1}\cdot\overrightarrow{v}\,d\sigma(x,y,z) = -\frac{1}{6}\det\begin{pmatrix} 0 & 1 & y_1 & z_1 \\ 0 & 1 & y_2 & z_2 \\ x_1+x_2+x_4 & 1 & y_3 & z_3 \\ 0 & 1 & y_4 & z_4 \end{pmatrix}$$

であるから,

$$\iint_{\partial\mathrm{PQRS}} x\overrightarrow{\mathbf{e}_1}\cdot\overrightarrow{v}(x,y,z)\,d\sigma(x,y,z)$$

$$= -\frac{1}{6}\det\begin{pmatrix} x_2+x_3+x_4 & 1 & y_1 & z_1 \\ x_1+x_3+x_4 & 1 & y_2 & z_2 \\ x_1+x_2+x_4 & 1 & y_3 & z_3 \\ x_1+x_2+x_3 & 1 & y_4 & z_4 \end{pmatrix}$$

$$= -\frac{1}{6}\det\begin{pmatrix} -x_1 & 1 & y_1 & z_1 \\ -x_2 & 1 & y_2 & z_2 \\ -x_3 & 1 & y_3 & z_3 \\ -x_4 & 1 & y_4 & z_4 \end{pmatrix} = -\frac{1}{6}\det\begin{pmatrix} 1 & x_1 & y_1 & z_1 \\ 1 & x_2 & y_2 & z_2 \\ 1 & x_3 & y_3 & z_3 \\ 1 & x_4 & y_4 & z_4 \end{pmatrix}$$

である. したがって,

$$\iint_{\partial \mathrm{PQRS}} x\overrightarrow{\mathbf{e}_1} \cdot \overrightarrow{v}(x,y,z)\,d\sigma(x,y,z) = -\frac{1}{6}\det\begin{pmatrix} 1 & x_1 & y_1 & z_1 \\ 1 & x_2 & y_2 & z_2 \\ 1 & x_3 & y_3 & z_3 \\ 1 & x_4 & y_4 & z_4 \end{pmatrix}$$

$$= \text{四面体 PQRS の体積}$$

となる．被積分関数の x と y, z を入れ替えることで，

$$\iint_{\partial \mathrm{PQRS}} y\overrightarrow{\mathbf{e}_1} \cdot \overrightarrow{v}\,d\sigma(x,y,z) = -\frac{1}{6}\det\begin{pmatrix} 1 & y_1 & y_1 & z_1 \\ 1 & y_2 & y_2 & z_2 \\ 1 & y_3 & y_3 & z_3 \\ 1 & y_4 & y_4 & z_4 \end{pmatrix} = 0$$

$$\iint_{\partial \mathrm{PQRS}} z\overrightarrow{\mathbf{e}_1} \cdot \overrightarrow{v}\,d\sigma(x,y,z) = -\frac{1}{6}\det\begin{pmatrix} 1 & z_1 & y_1 & z_1 \\ 1 & z_2 & y_2 & z_2 \\ 1 & z_3 & y_3 & z_3 \\ 1 & z_4 & y_4 & z_4 \end{pmatrix} = 0$$

となる．同じような計算より，

$$\iint_{\partial \mathrm{PQRS}} x\overrightarrow{\mathbf{e}_2} \cdot \overrightarrow{v}(x,y,z)\,d\sigma(x,y,z) = 0$$

$$\iint_{\partial \mathrm{PQRS}} y\overrightarrow{\mathbf{e}_2} \cdot \overrightarrow{v}(x,y,z)\,d\sigma(x,y,z) = \text{四面体 PQRS の体積}$$

$$\iint_{\partial \mathrm{PQRS}} z\overrightarrow{\mathbf{e}_2} \cdot \overrightarrow{v}(x,y,z)\,d\sigma(x,y,z) = 0$$

$$\iint_{\partial \mathrm{PQRS}} x\overrightarrow{\mathbf{e}_3} \cdot \overrightarrow{v}(x,y,z)\,d\sigma(x,y,z) = 0$$

$$\iint_{\partial \mathrm{PQRS}} y\overrightarrow{\mathbf{e}_3} \cdot \overrightarrow{v}(x,y,z)\,d\sigma(x,y,z) = 0$$

$$\iint_{\partial \mathrm{PQRS}} z\overrightarrow{\mathbf{e}_3} \cdot \overrightarrow{v}(x,y,z)\,d\sigma(x,y,z) = \text{四面体 PQRS の体積}$$

となる．

今の考察から次のことが少なくともいえた.

定理 6.2 **四面体におけるガウスの発散定理**

外向き法線ベクトル $\vec{n}$ を備えた四面体 V の境界を ∂V と表すと，各成分が 1 次式であるベクトル場 $\mathbb{A}(x,y,z)$ に対して，

$$\iint_{\partial V} \mathbb{A}(x,y,z) \cdot \vec{n}(x,y,z) \, d\sigma(x,y,z)$$
$$= \iiint_V \mathrm{div}(\mathbb{A})(x,y,z) \, dx \, dy \, dz$$

が成り立つ.

6.2 ガウスの定理

一般に，ガウスの発散定理は（閉）領域を囲んでいる．ガウスの発散定理が使える領域の例として次のものが挙げられる．
(1) $U \subset \mathbb{R}^2$ を開集合，$\varphi, \psi : U \to \mathbb{R}$ を C^1-級関数とする．

$$\{(x,y,z) : \varphi(x,y) \leq z \leq \psi(x,y)\}$$

で与えられる領域にはガウスの定理が使える．
(2) $x^2 + y^2 + z^2 \leq 1$ は適用可能な例の一つである．
(3) 四角錐に対しても使える．

領域 V はどのようなものに適用できるかという問いは少し難しいので，例として上記の領域を挙げているが，一般に多面体領域，グラフで挟まれている領域などはガウスの発散定理が適用可能な例である．このような領域に対して次の定理が成り立つ．

定理 6.3 | **ガウスの発散定理**

外向き法線ベクトル $\vec{\mathbf{n}}$ を備えた領域 V の境界を ∂V と表すとき，各成分が 1 次式となるベクトル場 $\mathbb{A}(x,y,z)$ に対して，

$$\iint_{\partial V} \mathbb{A}(x,y,z) \cdot \vec{\mathbf{n}}(x,y,z)\, d\sigma(x,y,z)$$
$$= \iiint_V \operatorname{div}(\mathbb{A})(x,y,z)\, dx\, dy\, dz$$

が成り立つ．

ストークスの定理，ガウスの定理の境界という用語に注意しよう．ストークスの定理は線積分を面積分に変換するものであるから，境界といったら「境界線」を表している．ガウスの定理は面積分を 3 次元の積分に変換するものであるから，境界とは「境界面」のことである．また，境界面，境界線どちらも円などの簡単なものだと 2 次元の図形と勘違いして，たとえば，実際の計算問題を解く際に「$x^2 + y^2 = 1, z = 1$」とするべきところを，単に「$x^2 + y^2 = 1$」もしくは「$x^2 + y^2 = 1, z = 0$」と勘違いしてしまう．気を付けよう．

6.3 ガウスの定理の計算例と応用例

例 6.4 体積

ベクトル場 $\mathbb{A}(x,y,z) = (x,y,z)$ を考える．ガウスの定理によって，

$$\iiint_V \mathrm{div}(\mathbb{A})(x,y,z)\,dx\,dy\,dz = \iint_S (x,y,z) \cdot \vec{\mathbf{n}}(x,y,z)\,d\sigma(x,y,z)$$

であるから，$\vec{\mathbf{n}}(x,y,z) = (n_1(x,y,z), n_2(x,y,z), n_3(x,y,z))$ として，

V の体積

$$= \iint_S \frac{xn_1(x,y,z) + yn_2(x,y,z) + zn_3(x,y,z)}{3}\,d\sigma(x,y,z)$$

が得られる．

例 6.5 ガウスの法則

$R > 0$ とする．外向き法線ベクトル $\vec{\mathbf{n}}$ の備わった半径 R で中心が原点の球 S を考える．

$$\vec{x} = (x,y,z), \quad \vec{v} = \frac{\vec{x}}{|\vec{x}|^3}\left(= \frac{1}{(x^2+y^2+z^2)^{\frac{3}{2}}}(x,y,z)\right)$$

とおく．このとき，$\vec{v} \cdot \vec{\mathbf{n}} = 1$ であるから，あとは球面の面積が 4π であることに注意すれば

$$\iint_S \vec{v} \cdot \vec{\mathbf{n}}\,d\sigma = 4\pi \tag{6.1}$$

となる．

また，原点を含まない任意の球面 S に対して以下のことを式 (6.1) とガウスの発散定理を用いて示そう．

$$\iint_S \frac{\overrightarrow{x}}{|\overrightarrow{x}|^3} \cdot \overrightarrow{\mathbf{n}} \, d\sigma = \begin{cases} 4\pi & (S \text{ は原点を内部に含む}) \\ 0 & (S \text{ は原点を内部に含まない}) \end{cases}$$

(a): S は原点を内部に含まないとき，(b): S は原点を内部に含むときの順番で証明していく．証明の前にガウスの発散定理を変形しておく．

定理 6.6 **ガウスの発散定理**

$\mathbb{R}^3$ の領域 D は外向き単位法線ベクトル場 $\overrightarrow{\mathbf{n}}$ を備えた境界 S をもつとする．D と D の境界 S を含む領域 D^* で C^1-級のベクトル場 $\mathbb{X}$ に対して，

$$\iint_S \mathbb{X} \cdot \overrightarrow{\mathbf{n}} \, d\sigma = \iiint_D \mathrm{div}(\mathbb{X}) \, dx \, dy \, dz \tag{6.2}$$

が成り立つ．

S で囲まれた領域を D で表す．面積分 $I = \iint_S \dfrac{\overrightarrow{x}}{|\overrightarrow{x}|^3} \cdot \overrightarrow{\mathbf{n}} d\sigma$ を計算しよう．

(a) このときは，$\mathbb{X}$ は D を含むある領域 D^* で C^1-級なので，単純にガウスの発散定理（定理 6.6）を用いて

$$I = \iiint_D \mathrm{div}\left(\frac{\overrightarrow{x}}{|\overrightarrow{x}|^3}\right) dx \, dy \, dz = \iiint_D 0 \, dx \, dy \, dz = 0$$

が得られる．

(b) 原点中心の球 S^* を考える．S^* は S のなかにすっぽり入っているとする．S と S^* の間の領域を今度は D と書く．D を境界を込めて含んではいるが，原点を含んでいない領域 D^* を考える．(a) と同じように考えて，

$$I = \iint_{S^*} \frac{\overrightarrow{x}}{|\overrightarrow{x}|^3} \cdot \overrightarrow{\mathbf{n}} d\sigma = \iiint_D \mathrm{div}\left(\frac{\overrightarrow{x}}{|\overrightarrow{x}|^3}\right) dx \, dy \, dz = 0$$

であるから，S の代わりに S^* を用いてよい．S^* の半径を $r > 0$ とすれば，$I = \iint_{S^*} \dfrac{\overrightarrow{x}}{|\overrightarrow{x}|^3} \cdot \overrightarrow{\mathbf{n}} \, d\sigma = \dfrac{|S^*|}{r^2} = 4\pi$ が得られる．

例 6.7

$|x| + |y| + |z| = 1$ で与えられる曲面（正八面体）を S とするとき，面積分 $I = \iint_S (2x, 2y^2, 3z) \cdot d\sigma(x, y, z)$ を計算しよう．ガウスの発散定理と対称性より，
$$I = \iiint_{|x|+|y|+|z|\leq 1} (5 + 4y) \, dx \, dy \, dz = \frac{20}{3}$$
と計算される．

　四面体のようにある種の対称性がある立体では間違えないが，半球のように球面と平面の 2 つの部分に分割される場合は，曲面上の積分は球面の部分だけではなく，平面の部分も加味しないといけないことに注意しよう．また，曲面の法線ベクトルは点ごとに向きが変わるものである．このことも注意しよう．ガウスの定理はそのような間違えやすく，さらに，計算が大変な立体に関しても体積積分に直すという方法で，明快に計算するための道具ともいえる．

例 6.8

$S = \{(x, y, z) \in \mathbb{R}^3 \ : \ x^2 + y^2 \leq 1, \ z = \sqrt{1 - x^2 - y^2}\}$ で，$\overrightarrow{f}(x, y, z) = (z^4, x^6, z^5)$ の場合に，
$$I = \iint_S \overrightarrow{f}(x, y, z) \cdot \overrightarrow{\mathbf{n}}(x, y, z) \, d\sigma(x, y, z)$$
を計算しよう．まず，発散は $\mathrm{div}(\overrightarrow{f}) = \mathrm{div}(z^4, x^6, z^5) = 5z^4$ となる．$z = 0, \ x^2 + y^2 \leq 1$ に相当する分の面積分は 0 なのでガウスの定理を用いて体積積分に変換すると，
$$I = \iiint_{x^2+y^2\leq 1,\, z(z-\sqrt{1-x^2-y^2})\leq 0} 5z^4 \, dx \, dy \, dz$$

となる．変換された積分を計算すると，
$$I = \iint_{x^2+y^2 \leq 1} (1-x^2-y^2)^{\frac{5}{2}} \, dx\, dy$$
であるが，極座標に変換して，
$$I = 2\pi \int_0^1 r(1-r^2)^{\frac{5}{2}} \, dr = \pi \int_0^1 (1-r)^{\frac{5}{2}} \, dr = \frac{2}{7}\pi$$
となる．

6.4　章末問題

問題 6.1

$P = (0,0,1)$ を通り，$\overrightarrow{n_0} = (0,0,1)$ が外向き法線ベクトルであるような曲面 S とベクトル場 $\overrightarrow{f} : \mathbb{R}^3 \to \mathbb{R}^3$ を (1),(2) のように与える．

(1) $(i) V = \{(x,y,z) \in \mathbb{R}^3 : -3 < z < -x^2 - y^2 + 1\}, S = \partial V$
   $(ii) \overrightarrow{f}(x,y,z) = (y^8, x^8, z)$

(2) $(i) S = \{(x,y,z) \in \mathbb{R}^3 : x^2+y^2 \leq 1, z(9z+x^2+y^2-9) = 0\}$
   $(ii) \overrightarrow{f}(x,y,z) = (y^8, x^7, z)$

(a) S が囲む図形の特徴を記せ．

(b) $\overrightarrow{n_0}$ を表向きとした S 上で次の面積分
$$I = \iint_S \overrightarrow{f}(x,y,z) \cdot \overrightarrow{n}(x,y,z) \, d\sigma(x,y,z)$$
をそれぞれ求めよ．$\overrightarrow{n}(x,y,z)$ は $P = (0,0,1)$ で $\overrightarrow{n_0}$ に一致する外向き法線ベクトルである．

問題 6.2

S は $\{(x,y,z) : -3 \leq z \leq 1 - y^2 - 4x^2\}$ の境界，$\mathbb{F} = (3yz + 7y + 9x)\overrightarrow{e_1} + y\overrightarrow{e_2} + (2z+3)\overrightarrow{e_3}$ とする．$\overrightarrow{n}$ は外向き法線ベクトルとする．この向き付けられた曲面 S およびベクトル場 $\mathbb{F}$ に対し，面積分 $\iint_S \mathbb{F} \cdot \overrightarrow{n}\, d\sigma$ を求めよ．

問題 6.3

- $\mathbb{A} = \mathbb{A}(x,y,z) = (x^3, y^3, 2z)$
- $S = \{(x,y,z) \in \mathbb{R}^3 : x^2 + y^2 \leq z \leq 1\}$ で与えられる立体の境界面
- $x^2 + y^2 = z$ では，S の単位法線ベクトル $\overrightarrow{n}$ の z 成分は負であるとする．

このとき，$I = \iint_S \mathbb{A} \cdot \overrightarrow{n}\, d\sigma$ の値を求めよ．

第 7 章

図形の性質についての考察

　本章では，今まで扱ってきた図形の考察をする．図形の特徴を記述する方法は複数ある．境界線の形はどうか，境界線を含めて考えるのか，対称性があるのか，など多くの要素を図形は持っており，それらの情報を複合することで図形の性質をとらえることができるのである．

　特に，本章では境界線や一般に境界となる部分を考察する．図形が代数的な方程式で表されている場合は，境界線という概念は非常に明確であるが，本書では図形とは平面内もしくは空間内の任意の部分集合としてしまったために，境界線という概念があいまいになってしまう場合もある．そこで，本章では境界の定義から始めて，図形の境界が数学的にどのような影響を与えるのか，ハイネ・ボレルの被覆定理を考察することで境界の性質を詳論する．

　領域とは狭義には境界のないものを指すが，高校数学の用語として用いられた領域は境界を含める場合もある．本章ではこのような広義の領域が出てくる．

7.1 平面図形の境界点

ベクトル解析の諸定理を証明するべく用語を整理する．ベクトル解析の定理を証明するためにも，実数の性質を熟知しておくことは重要である．平面図形に対して定義を与えるが，空間図形に対しても同じように定義を与える．

種々の図形が与えられたときにその性質を捨象して分類することを考える．どのような基準で分類することが重要であろうか？　一つの考え方として境界が入るか入らないかの区別がある．そのほかにも「無限に広がっている」とか，図形が「一続き」などという性質も重要な判定基準である．実際に，2次曲線を例にとって考えても，3種類の図形があるが，「無限に広がっている」という基準と「一続きである」という基準を設ければ，図形が分類できる．

まずは，図形が与えられたときに境界とは何を意味するかの考察から始める．$P = (a, b)$, $r > 0$ のとき，$B(P, r)$ は $(x-a)^2 + (y-b)^2 < r^2$ で与えられる境界のない円板のことであった．

定義7.1 **境界点**

図形の境界点とは，どのように $r > 0$ をとっても，$B(P, r)$ が図形とその補集合の両方と交わるような点 P のことである．境界点をすべて集めて得られる集合をその図形の境界という．

本書で扱う図形は特段複雑なものではなく，境界点は直感的なものである．図形が与えられたときに直感的な境界をさす場合を扱うので，図形を与えて，それの境界を詳しく説明することなく確認していくことにする．

例 7.2

$a^2 + b^2 \neq 0$ を満たす実数 a, b, c を考える．

(1) 直線 $ax + by = c$ の境界はそれ自身である．
(2) 直線で区切られた領域 $ax + by \leq c$ の境界は $ax + by = c$ である．
(3) 直線で区切られた領域 $ax + by \geq c$ の境界は $ax + by = c$ である．
(4) 直線で区切られた領域 $ax + by < c$ の境界は $ax + by = c$ である．
(5) 直線で区切られた領域 $ax + by > c$ の境界は $ax + by = c$ である．

定義に戻って証明しないといけないが，図を描いてみるとはっきりするので，証明は省略する．

7.2 座標平面における開集合と閉集合

図形の境界点がどの程度図形に含まれているかは重要である．そこで，まずはまったく境界点を含んでいない場合の用語を与えることにする．

定義 7.3　開集合

開集合とは，境界点を一切含まない図形のことである．

境界点の定義が直感的であるから，境界を求めて，開集合であるか否かを判定するのはさほど難しくはない．

例 7.4

$a^2 + b^2 \neq 0$ を満たす実数 a, b, c を考える.
(1) 直線 $ax + by = c$ は開集合ではない.
(2) 境界つきの領域 $ax + by \leq c$ は開集合ではない.
(3) 境界つきの領域 $ax + by \geq c$ は開集合ではない.
(4) 境界なしの領域 $ax + by < c$ は開集合である.
(5) 境界なしの領域 $ax + by > c$ は開集合である.

例 7.2 がわかれば,明らかなので証明は省略する.

境界点がまったくない場合を扱ったが,その両極端である境界点をすべて含む場合も重要である.逆に言うと,境界点を「中途半端」に含んでいる図形は考察の対象にならないことが多いのである.

定義 7.5 閉集合

閉集合とは,境界点をすべて含む図形のことである.

開集合のときと同様に,閉集合の判定も難しくはない.

例 7.6

$a^2 + b^2 \neq 0$ を満たす実数 a, b, c を考える.
(1) 直線 $ax + by = c$ は閉集合である.
(2) 境界つきの領域 $ax + by \leq c$ は閉集合である.
(3) 境界つきの領域 $ax + by \geq c$ は閉集合である.
(4) 境界なしの領域 $ax + by < c$ は閉集合ではない.
(5) 境界なしの領域 $ax + by > c$ は閉集合ではない.

例 7.2 がわかれば,やはり明らかなので証明は省略する.

一般の集合 E に対して,E から E の境界を差し引いた集合を $\mathrm{Int}(E)$ で表す.

7.3 有界集合とコンパクト集合

次に，図形が「無限に広がっていない」という概念を数学的に表してみよう．

定義7.7　有界集合
Oを原点として，適当な $r > 0$ に対して，$B(O, r)$ に含まれるような図形を有界集合という．そうではない図形を非有界集合という．

例7.8
放物線 $y = x^2$，楕円 $\dfrac{x^2}{4} + y^2 = 1$，双曲線 $x^2 - y^2 = 1$ のうち有界集合は楕円だけである．

「境界点をすべて含む」という概念と「無限に広がっていない」という概念は漠然としているが，これらの概念が組み合わさると数学ではいろいろなことがいえる．

定義7.9　コンパクト集合
本書では $\mathbb{R}^N$ の有界な閉集合をコンパクト集合ということにする．

例7.10
放物線 $y = x^2$，楕円 $\dfrac{x^2}{4} + y^2 = 1$，双曲線 $x^2 - y^2 = 1$ のうちコンパクト集合は楕円だけである．また，開楕円 $\dfrac{x^2}{4} + y^2 < 1$ は有界であるが，閉集合ではないためコンパクト集合ではない．

次の定理はコンパクト性がもたらす恩恵の一例である．有界な単調増大収束は収束することを認めると，次の定理が成り立つことがわかる．多次元への拡張も順次考えていくことにして，ここでは区間を扱うために，1次元とする．

1次元の場合は向きを考えることが容易にできる．つまり，∞ の方向と $-\infty$ の方向を考えられる．上限は ∞ の方向に図形がどの程度広がっているかを示す指標である．

定義7.11　上限

空ではない $\mathbb{R}$ の部分集合 $A \subset \mathbb{R}$ の上限とは次の条件を満たしている数 M であるとする．

(1)（M は上界である）$a \in A$ のときに，$a \leq M$ が成り立つ．

(2)（M は上界の最小値である．つまり，M より小さい上界は存在しない．）$M' < M$ とすると，$a > M'$ となる $a \in A$ が存在する．この数 M を $\sup A$ と定義する．

下界・下限は不等号の向きを逆にしてえられる．下限の記号は $\inf$ を用いる．

$M = \infty$ の可能性もあるが実数の連続性とは上限が実際に存在すること，ということもできる．

定理7.12　上限の存在

ある実数 R に対して，$A \subset (-\infty, R)$ が成り立つような空集合ではない $\mathbb{R}$ の部分集合 A につき，$\sup A$ が実数として存在する．

∞ は実数ではないので注意しよう．

[証明] $A \subset (-\infty, R)$ が成り立つような最小の整数 $R = R_0$ をとる．数列 R_k を次のようにして定める．$k = 1, 2, \ldots$ に対して，

$$R_k = \begin{cases} R_{k-1} - 2^{-k-1} & [R_{k-1} - 2^{-k-1}, \infty) \cap A = \emptyset \text{ のとき} \\ R_{k-1} & \text{そうではないとき} \end{cases}$$

すると，帰納的にわかるように $A \subset (-\infty, R_k)$ が成り立つ．また，帰納的に確かめればわかるように $A \cap [R_k - 2^{-k+1}, \infty) \neq \emptyset$ が成り立つ．ゆえに，$\lim_{k \to \infty} R_k = \sup A$ とわかる． □

定理7.13 **区間縮小法**

$I_1, I_2, \ldots, I_N, \ldots$ を有界閉区間の減少列とする．つまり，

$$I_1 \supset I_2 \supset \cdots \supset I_N \supset \cdots$$

であるとすると，すべての区間に共通な実数が存在する．

[証明] 各区間の左端の点からなる列 $\{\inf I_j\}_{j=1}^{\infty}$ は単調増大数列である．これらは，$\sup I_1$ よりも小さい．極限を α とすれば，$\alpha \in I_j$ がすべての j に関していえる． □

境界を込めた $\triangle ABC$ を考える．三角形が与えられたときに，中点を考えて，その三角形を4等分することを考える．4等分して得られた三角形も境界を含めて考える．$\mathcal{D}_{(0)}(\triangle ABC) = \{\triangle ABC\}$ と定める．$N = 1, 2, \ldots$ に対して，$\mathcal{D}_{(N)}(\triangle ABC)$ と定義されたとして，三角形の集合 $\mathcal{D}_{(N+1)}(\triangle ABC)$ を $\mathcal{D}_{(N)}(\triangle ABC)$ に属している三角形を4等分して得られる三角形の集合とする．したがって，$\mathcal{D}_{(N)}(\triangle ABC)$ は $\triangle ABC$ の面積の 4^{-N} 倍である 4^N 個の合同な三角形からなる．$\mathcal{D}_{(N)}(\triangle ABC)$ に現れる三角形を $N = 1, 2, \ldots$ にわたってすべて合併したものを，$\mathcal{D}(\triangle ABC)$ と定める．区間縮小法を2次元に拡張した定理が次の定理である．

定理7.14

各自然数 j に対して，$\Delta_{(j)} \in \mathcal{D}_{(j)}(\triangle ABC)$ が与えられていて，$\Delta_{(j)} \supset \Delta_{(j+1)}$ が成り立つとする．このとき，$\bigcap_{j=1}^{\infty} \Delta_{(j)} \neq \emptyset$ である．つまり，ある点 P が存在して，すべての $j \in \mathbb{N}$ に対して，$P \in \Delta_{(j)}$ が成り立つ．

[証明]　$\Delta_{(0)} = \triangle ABC$ として，各 $j = 0, 1, 2, \ldots$ につき，$\Delta_{(j)} \subset [a_j, b_j] \times [c_j, d_j]$ となる長方形 $[a_j, b_j] \times [c_j, d_j]$ のうち最小のものを取る．区間縮小法を用いると $j = 1, 2, \ldots$ に対して，$[a_j, b_j] \times [c_j, d_j]$ に共通な点 P が存在する．ここで，$\Delta_{(j)}$ の重心を P_j とすると，

$$P_j P \leq b_j + d_j - a_j - c_j = 2^{-j}(b_0 + d_0 - a_0 - c_0)$$

となる．したがって，P_j は P に収束する．$P_j, P_{j+1}, P_{j+2}, \ldots \in \Delta_{(j)}$ であるから，極限である P も $\Delta_{(j)}$ に属する．　□

考える図形は三角形である必要はない．境界を込めた長方形に対しても同じような 4 等分を考えても同じ結論が得られる．同様な論法で，有界閉集合の減少列には必ず共通点が存在することが示される．なお，次の定理の証明中の \ は，左側の集合 K から右側の集合全体との重複要素を除いた集合 K_N を得るための記号である．

定理7.15　ハイネ・ボレルの被覆定理

コンパクト集合 K を覆う任意の球の列 $\{B(P_j, r_j)\}_{j=1}^{\infty}$ に対して，ある整数 N が存在して，実際には $\{B(P_j, r_j)\}_{j=1}^{N}$ が K を覆っている．

[証明] 仮に，どんな N をとっても K を覆いきれないとすると，

$$K_N = K \setminus (B(\mathrm{P}_1, r_1) \cup \cdots \cup B(\mathrm{P}_N, r_N)) \quad (N = 1, 2, \ldots)$$

は単調減少する有界閉集合の列であるために，共通点 P をもつ．ここで，列 $\{B(\mathrm{P}_j, r_j)\}_{j=1}^{\infty}$ はコンパクト集合 K を覆うから，ある N_0 に対して，$\mathrm{P} \in B(\mathrm{P}_{N_0}, r_{N_0})$ となる．これは，$\mathrm{P} \notin K_{N_0}$ に矛盾している． □

実数は有理数で近似できる．また，$a, b \in \mathbb{Q}$, $r \in \mathbb{Q} \cap (0, \infty)$ 全てに対する $B((a, b), r)$ を考えると，これらは $\{B(\mathrm{P}_j, r_j)\}_{j=1}^{\infty}$ とまとめられる．よって，定理 7.15 における「球の列 $\{B(\mathrm{P}_j, r_j)\}_{j=1}^{\infty}$」は「球の集まり $\{B(\mathrm{P}_\lambda, r_\lambda)\}_{\lambda \in \Lambda}$」に，「ある整数 N」は「ある Λ の有限部分集合 Λ_0」に，「$\{B(\mathrm{P}_j, r_j)\}_{j=1}^{N}$」は「$B\{(\mathrm{P}_\lambda, r_\lambda)\}_{\lambda \in \Lambda_0}$」に置き換えられる．

第 8 章

積分についての考察

　本書で認めてしまった積分公式の証明を与える．カギとなるのは反復積分の理論である．これを用いることで極座標変換の公式も証明される．

8.1 関数の一様連続性

🍂 関数の連続性

関数の連続性は一般にはいろいろな記述の方法があるが，sup を用いることで次のように記述することもできる．$P = (a, b)$, $r > 0$ のとき，$B(P, r)$ は $(x-a)^2 + (y-b)^2 < r^2$ で与えられる境界のない円板のことであったことを再度復習しておく．

定義 8.1 △ABC 上の連続関数

△ABC 上で定義された関数 $f : \triangle ABC \to \mathbb{R}$ が点 P で連続であるとは，

$$\lim_{\delta \downarrow 0} \left(\sup_{Q \in B(P, \delta) \cap \triangle ABC} |f(Q) - f(P)| \right) = 0$$

が成り立つことである．

括弧がついていることからわかるように，先に sup を考えることが重要である．

🍂 関数の一様連続性

コンパクト集合が数学に及ぼす恩恵は計り知れない．たとえば，連続性の概念をこれから定義する一様連続性へと昇華させてくれる．

定理 8.2　△ABC 上の連続関数の一様連続性

△ABC 上で定義された P, Q の 2 変数関数 F と，$\triangle \in \mathcal{D}(\triangle\mathrm{ABC})$ に対して，

$$\delta_F(\triangle) = \sup_{\mathrm{P,P',Q,Q'} \in \triangle} |F(\mathrm{P,Q}) - F(\mathrm{P',Q'})|$$

と定める．境界を込めた △ABC で定義されている P, Q 変数の実数値連続関数 F が連続であるとき，

$$\lim_{N \to \infty} \left(\max_{\triangle \in \mathcal{D}_{(N)}(\triangle\mathrm{ABC})} \delta_F(\triangle) \right) = 0 \tag{8.1}$$

が成り立つ．

[証明]　実際に，括弧の中は N の単調減少関数であるから，右辺を κ とおくと，$\kappa \geq 0$ が成り立つ．$\kappa = 0$ を示さないといけないが，仮にそれが不成立だとする．このとき，すべての $N \in \mathbb{N}$ に対して，

$$\sup_{\triangle \in \mathcal{D}_{(N)}(\triangle\mathrm{ABC})} \delta_F(\triangle) > \frac{1}{2}\kappa > 0$$

が成り立つ．各 N に対して，$\delta_F(\triangle) > \frac{1}{2}\kappa$ となるような $\Delta_{(N)} \in \mathcal{D}_{(N)}(\triangle\mathrm{ABC})$ が存在する．一般に $\Delta^1, \Delta^2 \in \mathcal{D}(\triangle\mathrm{ABC})$ に対して，$\Delta^1 \supset \Delta^2$ ならば，$\delta_F(\Delta^1) \geq \delta_F(\Delta^2)$ であるから，必要に応じて，$\Delta_{(N)} \supset \Delta_{(N+1)}$ を仮定してよい．各 N につき，$\delta_F(\triangle) > \frac{1}{2}\kappa$ となる $\triangle \in \mathcal{D}(\triangle\mathrm{ABC})$ を無限に含むような $\Delta_{(N)} \in \mathcal{D}(\triangle\mathrm{ABC})$ をとればよいからである．P をすべての $\Delta_{(N)}$ に含まれるような点とする．このような P に対して，

$$\lim_{\delta \downarrow 0} \left(\sup_{\mathrm{P',Q'} \in \triangle\mathrm{ABC},\, \mathrm{QQ'} < \delta} |F(\mathrm{P,P}) - F(\mathrm{P',Q'})| \right) = 0$$

が成り立つから，$\delta_\mathrm{P} > 0$ が存在して，

$$\sup_{\mathrm{P',Q'} \in \triangle\mathrm{ABC},\, \mathrm{PP',QQ'} < \delta_\mathrm{P}} |F(\mathrm{P,Q}) - F(\mathrm{P',Q'})| < \frac{1}{4}\kappa$$

となる．したがって，$B(\mathrm{P}, \delta_\mathrm{P}) \supset \Delta_{(N)}$ となるような N に対しては，

$\delta_F(\Delta_{(N)}) < \frac{1}{2}\kappa$ である．これは $\Delta_{(N)}$ の選び方に矛盾している． □

積分については次の命題が成り立つ．

命題 8.3 **三角形領域でのリーマン積分**

$F : \triangle ABC \times \triangle ABC \to \mathbb{R}$ を連続関数とする．また，各 $\triangle \in \mathcal{D}(\triangle ABC)$ に対して，点 $P_\triangle, Q_\triangle \in \triangle$ が与えられている．このとき，$N \to \infty$ とすると

$$\sum_{\triangle \in \mathcal{D}_{(N)}(\triangle ABC)} F(P_\triangle, Q_\triangle)|\triangle| \to \iint_\triangle F((x,y), (x,y))\, dx\, dy$$

が成り立つ．

変数の数はここでは，$F(P, Q)$ と P, Q の 2 変数関数と考えているが，この変数を増やしても構わない．

[証明] $N \in \mathbb{N}$ を固定する．関数 $a_N : \triangle ABC \to \mathbb{N} \cup \{0\}$ を

$a_N(S) = S$ に集まっている $\mathcal{D}_{(N)}(\triangle ABC)$ の三角形の数

と定める．$\triangle \in \mathcal{D}_{(N)}(\triangle ABC)$ と $\triangle ABC$ 内の点 P に対して，

$$K_\triangle(P) = \begin{cases} a_N(P)^{-1} & (P \in \triangle \text{ のとき}) \\ 0 & (P \in \triangle ABC \setminus \triangle \text{ のとき}) \end{cases}$$

とおく．すると，

$$\sum_{\triangle \in \mathcal{D}_{(N)}(\triangle ABC)} F(P_\triangle, Q_\triangle)|\triangle|$$
$$= \iint_{\triangle ABC} \left(\sum_{\triangle \in \mathcal{D}_{(N)}(\triangle ABC)} F(P_\triangle, Q_\triangle) K_\triangle(x,y) \right) dx\, dy$$

と

$$F((x,y),(x,y)) = \sum_{\triangle \in \mathcal{D}_{(N)}(\triangle \mathrm{ABC})} F((x,y),(x,y)) K_\triangle(x,y)$$

が成り立つ．ここで，

$$G(x,y)$$
$$= \sum_{\triangle \in \mathcal{D}_{(N)}(\triangle \mathrm{ABC})} (F((x,y),(x,y)) - F(\mathrm{P}_\triangle, \mathrm{Q}_\triangle)) K_\triangle(x,y)$$

$$H(x,y)$$
$$= \sum_{\triangle \in \mathcal{D}_{(N)}(\triangle \mathrm{ABC})} |F((x,y),(x,y)) - F(\mathrm{P}_\triangle, \mathrm{Q}_\triangle)| K_\triangle(x,y)$$

とおくことにしよう．すると，

$$\iint_{\triangle \mathrm{ABC}} F((x,y),(x,y))\, dx\, dy - \sum_{\triangle \in \mathcal{D}_{(N)}(\triangle \mathrm{ABC})} F(\mathrm{P}_\triangle, \mathrm{Q}_\triangle)|\triangle|$$
$$= \iint_{\triangle \mathrm{ABC}} G(x,y)\, dx\, dy$$

となる．三角不等式 $\left|\iint_\triangle G(x,y)\, dx\, dy\right| \leq \iint_\triangle |G(x,y)|\, dx\, dy$ より，

$$\left|\iint_{\triangle \mathrm{ABC}} F((x,y),(x,y))\, dx\, dy - \sum_{\triangle \in \mathcal{D}_{(N)}(\triangle \mathrm{ABC})} F(\mathrm{P}_\triangle, \mathrm{Q}_\triangle)|\triangle|\right|$$
$$\leq \iint_{\triangle \mathrm{ABC}} H(x,y)\, dx\, dy$$

であるが，さらに，$\delta_F(\triangle)$ を用いてこの量を抑えると，

$$\left|\iint_{\triangle \mathrm{ABC}} F((x,y),(x,y))\, dx\, dy - \sum_{\triangle \in \mathcal{D}_{(N)}(\triangle \mathrm{ABC})} F(\mathrm{P}_\triangle, \mathrm{Q}_\triangle)|\triangle|\right|$$
$$\leq \iint_{\triangle \mathrm{ABC}} \sum_{\triangle \in \mathcal{D}_{(N)}(\triangle \mathrm{ABC})} \delta_F(\triangle) K_\triangle(x,y)\, dx\, dy$$
$$\leq \max_{\triangle \in \mathcal{D}_{(N)}(\triangle \mathrm{ABC})} \delta_F(\triangle) \iint_{\triangle \mathrm{ABC}} \sum_{\triangle \in \mathcal{D}_{(N)}(\triangle \mathrm{ABC})} K_\triangle(x,y)\, dx\, dy$$
$$= |\triangle \mathrm{ABC}| \max_{\triangle \in \mathcal{D}_{(N)}(\triangle \mathrm{ABC})} \delta_F(\triangle)$$

が成り立つ．式 (8.1) を用いて，結論が得られる． □

8.2 平面図形上で定義された関数の積分

平面図形上で定義された関数の積分の定義

平面図形上で定義された関数の積分が本書では重要な役割を担ってきたが，これについて考察したい．図形を細かく分割して，面積と関数値を掛けてそのような積を総和するというのが積分の考え方であるが，細かく分割する際に，その分割に構造が見出せると便利なので，次の2進正方形を定義して用いることにする．

定義 8.4　2進正方形

整数 j, k_1, k_2 に対して，
$$Q_{j,(k_1,k_2)} = \{(x,y) \in \mathbb{R}^2 : 0 \leq 2^j x - k_1, 2^j y - k_2 < 1\}$$
で与えられる集合を j 世代の2進正方形という．j 世代の2進正方形全体のなす集合を $\mathcal{D}_j$ と表す．

$\mathcal{D}_j$ の立方体は互いに交わることが無く，$\mathbb{R}^2$ を埋め尽くす．過剰和と不足和を一般の関数に対して考えるのは記号の用意が必要だが，ここでは特別な分割に対してだけ，これらを定義する．考えている関数がよいために，所望の量を得ることができるからである．

定義 8.5　過剰和，不足和

$f : \mathbb{R}^2 \to \mathbb{R}$ を有界関数で，f はある有界集合の外では 0 になるものとする．このとき，

$$S_j(f) = \sum_{k_1=-\infty}^{\infty} \sum_{k_2=-\infty}^{\infty} 4^{-j} \sup_{(x,y) \in Q_{j(k_1,k_2)}} f(x,y)$$
$$s_j(f) = \sum_{k_1=-\infty}^{\infty} \sum_{k_2=-\infty}^{\infty} 4^{-j} \inf_{(x,y) \in Q_{j(k_1,k_2)}} f(x,y)$$

と定める.

2進立方体は入れ子構造になっている. したがって, sup, inf の定義から次の命題は明らかである.

命題 8.6

$f : \mathbb{R}^2 \to \mathbb{R}$ を有界関数で, f はある有界集合の外では 0 になるものとする. このとき,

$$s_j(f) \le s_{j+1}(f) \le S_{j+1}(f) \le S_j(f)$$

が成り立つ.

そこで命題 8.6 を踏まえて, 次の定義を与える.

定義 8.7 **上積分, 下積分**

K を有界集合とする. $f : \mathbb{R}^2 \to \mathbb{R}$ を有界関数とする.

$$\overline{\iint_K} f(x,y)\,dx\,dy = \lim_{j \to \infty} S_j(\chi_K f)$$
$$\underline{\iint_K} f(x,y)\,dx\,dy = \lim_{j \to \infty} s_j(\chi_K f)$$

と定めて, それぞれ f の K 上の上積分, 下積分という. これらが一致するとき, f は K 上で積分可能といい,

$$\iint_K f(x,y)\,dx\,dy = \overline{\iint_K} f(x,y)\,dx\,dy$$

と定義する.

定理 1.34 の証明

積分をする際に，一般の図形を考えることで生ずる難点は境界を扱いにくいことである．わかりやすい図形の境界は問題なく扱えるが，図形の境界には複雑なものも多いので，定理 1.34 にあるように区分的に C^1-級曲線の場合を考えることにする．

命題 8.8

$\gamma = (\gamma_1, \gamma_2) : [0,1] \to \mathbb{R}^2$ を区分的に C^1-級曲線とする．このとき，γ に依存する定数 C_γ が存在して，各整数 j に対して，$\mathcal{D}_j$ の立方体で，曲線と交わるものは $C_\gamma 2^j$ 個以下になる．

[証明] 平均値の定理により，

$$|\gamma_1(t) - \gamma_1(t')|, |\gamma_2(t) - \gamma_2(t')| \leq 2^a |t - t'|$$

となる自然数 $a \in \mathbb{N}$ が存在する．したがって，$k = 1, 2, \ldots, 2^j$ として，$\gamma(k \cdot 2^{-j})$ を中心とした辺の長さが 2^{a+1-j} の正方形で，曲線を覆うことが出来る．ここで現れた 2^j 個の辺の長さが 2^{a+1-j} の正方形の一つ一つを 4^{a+3} 個の $\mathcal{D}_j$ の正方形で覆うことができる．よって，$C_\gamma = 4^{a+3}$ ととることができる． □

公式を得る前に，定理 1.34 の条件下で，積分可能性を判定しておこう．

命題 8.9

$f : \mathbb{R}^2 \to \mathbb{R}$ を連続関数，$K \subset [a,b] \times [c,d]$ を区分的に C^1-級の曲線で与えられる境界をもつ領域とするとき，f は K 上積分可能である．

8.2 平面図形上で定義された関数の積分 123

[証明] 各 j に対して，$\mathcal{E}_j$ で，$\mathcal{D}_j$ に属する 2 進立方体のうち，D に含まれるもの全体を表すことにする．また，$\mathcal{E}_j^*$ で，$\mathcal{D}_j$ に属する 2 進立方体のうち，D と D^c の両方と交わるもの全体を表すことにする．

$$K_{j,(k_1,k_2)} = \begin{cases} 1 & (Q_{j,(k_1,k_2)} \in \mathcal{E}_j \text{のとき}) \\ 0 & (Q_{j,(k_1,k_2)} \notin \mathcal{E}_j \text{のとき}) \end{cases}$$

と

$$L_{j,(k_1,k_2)} = \begin{cases} 1 & (Q_{j,(k_1,k_2)} \in \mathcal{E}_j^* \text{のとき}) \\ 0 & (Q_{j,(k_1,k_2)} \notin \mathcal{E}_j^* \text{のとき}) \end{cases}$$

とおく．

つぎに，与えられた関数 f に対して

$$S'_j(f) = \sum_{k_1=-\infty}^{\infty} \sum_{k_2=-\infty}^{\infty} K_{j,(k_1,k_2)} 4^{-j} \sup_{Q_{j,(k_1,k_2)}} f(x,y)$$

$$s'_j(f) = \sum_{k_1=-\infty}^{\infty} \sum_{k_2=-\infty}^{\infty} K_{j,(k_1,k_2)} 4^{-j} \inf_{Q_{j,(k_1,k_2)}} f(x,y)$$

$$S''_j(f) = \sum_{k_1=-\infty}^{\infty} \sum_{k_2=-\infty}^{\infty} L_{j,(k_1,k_2)} 4^{-j} \sup_{Q_{j,(k_1,k_2)}} f(x,y)$$

$$s''_j(f) = \sum_{k_1=-\infty}^{\infty} \sum_{k_2=-\infty}^{\infty} L_{j,(k_1,k_2)} 4^{-j} \inf_{Q_{j,(k_1,k_2)}} f(x,y)$$

と定める．すると，

$$S_j(\chi_K f) = S'_j(\chi_K f) + S''_j(\chi_K f)$$

$$s_j(\chi_K f) = s'_j(\chi_K f) + s''_j(\chi_K f)$$

が成り立つ．

ここで，$M = \sup_{x \in K} |f(x)|$ と略記すると，命題 8.8 より，

$$S''_j(\chi_k f), s''_j(\chi_k f) \leq \sum_{k_1=-\infty}^{\infty} \sum_{k_2=-\infty}^{\infty} 4^{-j} L_{j,(k_1,k_2)} M \leq CM 2^{-j}$$

であるから，$S_j'', s_j'' \to 0$ である．

また，f の一様連続性から，

$$0 \le S_j'(\chi_k f) - s_j'(\chi_k f)$$
$$\le \sum_{k_1=-\infty}^{\infty} \sum_{k_2=-\infty}^{\infty} K_{j,(k_1,k_2)} 4^{-j} \left(\sup_{x \in Q_{j,(k_1,k_2)}} |f(x) - f(y)| \right)$$
$$\to 0 \quad (j \to \infty)$$

となるから，$S_j'(\chi_k f) - s_j'(\chi_k f) \to 0$ が得られる．よって，$S_j - s_j \to 0$ となる．これは f が K 上で可積分となる． □

定理 1.34 を証明しよう．
[証明] 整数 j に対して，

$$g_j(x,y) = \sum_{k_1=-\infty}^{\infty} \sum_{k_2=-\infty}^{\infty} \chi_{Q_{j,(k_1,k_2)}}(x,y) \sup_{(z,w) \in Q_{j,(k_1,k_2)}} f(z,w) \chi_k(z,w)$$

と定めると，命題 8.9 より

$$\iint_K f(x,y)\,dx\,dy = \lim_{j \to \infty} \iint_{[a,b] \times [c,d]} g_j(x,y)\,dx\,dy \qquad \text{—式 1}$$

が成り立つ．ここで，

$$\iint_{[a,b] \times [c,d]} g_j(x,y)\,dx\,dy = \int_a^b \left(\int_c^d g_j(x,y)\,dx \right) dy \qquad \text{—式 2}$$

は g_j が具体的な形をしているから明らかである．また，f の一様連続性から，

$$\sup_{x \in [a,b]} \left| \int_c^d (\chi_k(x,y) f(x,y) - g_j(x,y))\,dy \right| \to 0 \quad (j \to \infty)$$

となるから，

$$\lim_{j\to\infty}\int_a^b\left(\int_c^d g_j(x,y)\,dx\right)dy = \int_a^b\left(\int_c^d f(x,y)\chi_k(x,y)\,dx\right)dy$$
—式 3

式 1, 式 2, 式 3 より定理 1.34 が証明された. □

定理 1.35 の特別な場合の証明

f が $f(x,y) = g(\sqrt{x^2+y^2})$ の形をしている場合を考える. この場合は,

$$g_k(r) = \sum_{j=1}^\infty \chi_{[(j-1)R\cdot 2^{-k}, jR\cdot 2^{-k}]}(r) g\left(\left(j-\frac{1}{2}\right)R\cdot 2^{-k}\right)$$

と定めると, 一様連続性によって,

$$\lim_{k\to\infty}\left(\sup_{x^2+y^2\leq R^2}|f(x,y) - g_k(\sqrt{x^2+y^2})|\right) = 0$$

が成り立つ. したがって,

$$\iint_{x^2+y^2\leq R^2} f(x,y)\,dx\,dy = \lim_{k\to\infty}\iint_{x^2+y^2\leq R^2} g_k(x,y)\,dx\,dy$$

となる. ここで,

$$\lim_{k\to\infty}\iint_{x^2+y^2\leq R^2} g_k(x,y)\,dx\,dy$$
$$= \lim_{k\to\infty}\sum_{j=1}^{2^k} \pi R^2 (2j-1)\cdot 4^{-k} g\left(\left(j-\frac{1}{2}\right)R\cdot 2^{-k}\right)$$
$$= \lim_{k\to\infty} 2\pi \int_0^R rg(r)\,dr$$

となる.

8.3 空間図形上で定義された関数の積分

🌿 空間図形上で定義された関数の積分の定義

空間図形に対しても積分は平面図形と同じ要領で定義される．

定義 8.10　**2 進立方体**

整数 j, k_1, k_2, k_3 に対して，

$$Q_{j,(k_1,k_2,k_3)} = \{(x,y,z) \in \mathbb{R}^3 :$$
$$(x,y) \in Q_{j,(k_1,k_2)}, 0 \leq 2^j z - k_3 < 1\}$$

で与えられる集合を j 世代の 2 進立方体という．j 世代の 2 進立方体全体のなす集合を $\mathcal{D}_j$ と表す．

$\iiint_{x^2+y^2+z^2 \leq R^2} e^{x+y+z}\, dx\, dy\, dz$ のように積分領域は有界な図形であることが多い．このような場合は，積分領域の外では関数を 0 で定義することにすれば，積分は $\mathbb{R}^3$ で考えることになる．つまり，

$$F(x,y,z) = \begin{cases} e^{x+y+z} & (x^2+y^2+z^2 \leq R^2 \text{のとき}) \\ 0 & (x^2+y^2+z^2 > R^2 \text{のとき}) \end{cases}$$

と定義して，

$$\iiint_{x^2+y^2+z^2 \leq R^2} e^{x+y+z}\, dx\, dy\, dz = \iiint_{\mathbb{R}^3} F(x,y,z)\, dx\, dy\, dz$$

と考えるのである．2 次元のときと同じようにして，積分を定義していく．

定義 8.11　過剰和，不足和

$f : \mathbb{R}^3 \to \mathbb{R}$ を有界関数で，f はある有界集合の外では 0 になるものとする．f の不足和と過剰和を

$$S_j(f) = \sum_{k_1=-\infty}^{\infty} \sum_{k_2=-\infty}^{\infty} \sum_{k_3=-\infty}^{\infty} 8^{-j} \sup_{Q_{j,(k_1,k_2,k_3)}} f(x,y,z)$$

$$s_j(f) = \sum_{k_1=-\infty}^{\infty} \sum_{k_2=-\infty}^{\infty} \sum_{k_3=-\infty}^{\infty} 8^{-j} \inf_{Q_{j,(k_1,k_2,k_3)}} f(x,y,z)$$

と定める．

定義 8.12　上積分，下積分

$K \subset \mathbb{R}^3$ を有界集合，$f : \mathbb{R}^3 \to \mathbb{R}$ を有界関数とする．

$$\overline{\iiint_K} f(x,y,z) \, dx \, dy \, dz = \lim_{j \to \infty} S_j(\chi_K f)$$

$$\underline{\iiint_K} f(x,y,z) \, dx \, dy \, dz = \lim_{j \to \infty} s_j(\chi_K f)$$

と定めて，それぞれ f の K 上の上積分，下積分という．これらが一致するとき，f は K 上で積分可能といい，

$$\iiint_K f(x,y,z) \, dx \, dy \, dz = \overline{\iiint_K} f(x,y,z) \, dx \, dy \, dz$$

と定義する．

定理 2.45 と定理 2.46 は平面の場合と同じ方法で証明できる．

🍀 定理 1.35 の証明

定理 1.35 を証明するのには定理 2.45 を用いる．

$$I = \iint_{x^2+y^2 \leq R^2} f(x,y) \, dx \, dy$$

と略記する．f を原点を中心とする扇形の特性関数の線形和で近似することで，次の等式
$$I = \iint_{x^2+y^2 \leq R^2} f(x\cos\theta + y\sin\theta, -x\sin\theta + y\cos\theta)\,dx\,dy$$
を得る．
$$F(x,y) = \int_0^{2\pi} f(x\cos\theta + y\sin\theta, -x\sin\theta + y\cos\theta)\,d\theta$$
とおく．これを $x^2 + y^2 \leq R^2$ で積分してから，定理 2.45 を用いて，
$$2\pi I = \iint_{x^2+y^2 \leq R^2} F(x,y)\,dx\,dy$$
を得る．つぎに，定理 1.35 の特別な場合を用いると，
$$2\pi I = 2\pi \int_0^R r F(r,0)\,dr$$
となる．2π を払って，F の定義式を代入すると，
$$I = \int_0^R \left(\int_0^{2\pi} rf(r\cos\theta, -r\sin\theta)\,d\theta \right) dr$$
である．最後に変数変換 $\theta \mapsto 2\pi - \theta$ をして，
$$I = \int_0^R \left(\int_0^{2\pi} rf(r\cos\theta, r\sin\theta)\,d\theta \right) dr$$
が得られる．

第9章

積分の定義の再考

　ここでは，本書で用いた積分の定義を再考しよう．そもそも面積とは何かということを考える．

　今まではパラメータを用いて表される曲面に対して，曲面積なるものを定義し，計算をしてきたが，もともと曲面という対象はパラメータが入っていないものである．つまり，立体図形にパラメータを入れたのは我々が勝手にやったことで，曲面が初めからそれを備えていたわけではない．

　パラメータを備えていない図形に対してどのようにして曲面積を定めるのか，また，そのような曲面に関して面積分とはどのようなものかを考察する．

9.1 曲線の長さと線積分

区分的に C^1-級の曲線の長さを再考したい．つまり，どうして積分を用いて曲線の長さが計算できるか考えることにする．ここでは，特に空間曲線に限定するが平面曲線でも同じである．

定義 9.1　曲線の長さ

$\gamma(t) = (\gamma_1(t), \gamma_2(t), \gamma_3(t))$ を $[a,b]$ から $\mathbb{R}^3$ への連続曲線とする．γ の長さ $L(\gamma)$ を

$$L(\gamma) = \sup \sum_{j=1}^{N} \sqrt{\sum_{k=1}^{3} (\gamma_k(t_j) - \gamma_k(t_{j-1}))^2}$$

と定める．ただし，sup の条件における $t_0, t_1, \ldots, t_N$ は

$$a = t_0 < t_1 < \cdots < t_N = b$$

を満たしているものの全体をわたる．

この新しい定義の意味合いを説明しよう．曲線が与えられたら，両端点を含む曲線上の点を多くとって，それを用いて折れ線で近似する．この折れ線の長さが，sup の中身になる．区分的に C^1-級の関数の長さに関する定義は2つあるが，どちらの定義も一致することが次の定理で示される．

定理 9.2　曲線の長さの計算公式

$\gamma = (\gamma_1, \gamma_2, \gamma_3): [a,b] \to \mathbb{R}^3$ を区分的に C^1-級とするとき，

$$L(\gamma) = \int_a^b \sqrt{\sum_{k=1}^{3} \gamma_k'(t)^2}\, dt \text{ となる．}$$

[証明] 区分的に C^1-級の場合もいくつかの区間に分けて考えることで，γ は C^1-級としてよい．$L(\gamma)$ を与える分割の列 $\{\Delta_m\}_{m=1}^\infty$ をとる．つまり，sup の定義によって，各 $m \in \mathbb{N}$ に対して，$\Delta_m = \{t_j^{(m)}\}_{j=0}^{k(m)}$ を与えたとき，

$$\min(L(\gamma), m) - \frac{1}{m} < \sum_{j=1}^{k(m)} \sqrt{\sum_{k=1}^{3}(\gamma_k(t_j^{(m)}) - \gamma_k(t_{j-1}^{(m)}))^2} \leq L(\gamma)$$

となるようにしておく．このとき，

$$L(\gamma) = \lim_{m \to \infty} \sum_{j=1}^{k(m)} \sqrt{\sum_{k=1}^{3}(\gamma_k(t_j^{(m)}) - \gamma_k(t_{j-1}^{(m)}))^2}$$

である．細分を考えることで，Δ_m は $[a,b]$ の m 等分点をすべて含んでいるとしてよい．$k = 1,2,3$ と $j = 1,2,\ldots,k(m)$ に対して，平均値の定理によって $t_{j;k}^{(m)} \in (t_{j-1}^{(m)}, t_j^{(m)})$ が存在して，

$$\sqrt{\sum_{k=1}^{3}(\gamma_k(t_j^{(m)}) - \gamma_k(t_{j-1}^{(m)}))^2} = (t_j^{(m)} - t_{j-1}^{(m)}) \sqrt{\sum_{k=1}^{3}\gamma_k'(t_{j;k}^{(m)})^2}$$

となる．さらに，三角不等式を用いて整理すると，

$$\left| \sum_{j=1}^{k(m)} (t_j^{(m)} - t_{j-1}^{(m)}) \left(\sqrt{\sum_{k=1}^{3}\gamma_k'(t_{j-1}^{(m)})^2} - \sqrt{\sum_{k=1}^{3}\gamma_k'(t_{j;k}^{(m)})^2} \right) \right|$$

$$\leq \sum_{j=1}^{k(m)} (t_j^{(m)} - t_{j-1}^{(m)}) \sqrt{\sum_{k=1}^{3}(\gamma_k'(t_{j-1}^{(m)}) - \gamma_k'(t_{j;k}^{(m)}))^2}$$

となる．Δ_m は $[a,b]$ の m 等分点をすべて含んでいて γ_k' は $[a,b]$ 上一様連続であるから，$m \to \infty$ として，

$$\sum_{j=1}^{k(m)} (t_j^{(m)} - t_{j-1}^{(m)}) \sqrt{\sum_{k=1}^{3} (\gamma_k'(t_{j-1}^{(m)}) - \gamma_k'(t_{j;k}^{(m)}))^2}$$

$$\leq 3 \sum_{j=1}^{k(m)} (t_j^{(m)} - t_{j-1}^{(m)}) \sup_{\substack{u,v \in [a,b],\, |u-v| \leq \frac{b-a}{m} \\ k=1,2,3}} |\gamma_k'(u) - \gamma_k'(v)|$$

$$= 3(b-a) \sup_{\substack{u,v \in [a,b],\, |u-v| \leq \frac{b-a}{m} \\ k=1,2,3}} |\gamma_k'(u) - \gamma_k'(v)| \to 0$$

となる．よって，

$$L(\gamma) = \lim_{m \to \infty} \sum_{j=1}^{k(m)} \sqrt{\sum_{k=1}^{3} (\gamma_k(t_j^{(m)}) - \gamma_k(t_{j-1}^{(m)}))^2}$$

$$= \int_a^b \sqrt{\sum_{k=1}^{3} \gamma_k'(t)^2}\, dt$$

となる． □

次の命題は線積分は折れ線で近似できることを示している．平面でも空間でも同じであるが，ここでは簡単のために平面での積分を考察する．

命題 9.3

関数 $P(x,y), Q(x,y), R(x,y)$ を領域 D で定義された関数としよう．区分的 C^1-級曲線 $\gamma = (\gamma_1, \gamma_2) : [a,b] \to D$ によってパラメータ付けされる曲線 C と $\varepsilon > 0$ に対して，D に含まれる折れ線 C' が存在して，

$$\left| \int_C P(x,y)\, dx - \int_{C'} P(x,y)\, dx \right| < \varepsilon \qquad (9.1)$$

$$\left| \int_C Q(x,y)\,dy - \int_{C'} Q(x,y)\,dy \right| < \varepsilon \qquad (9.2)$$

$$\left| \int_C R(x,y)\,ds - \int_{C'} R(x,y)\,ds \right| < \varepsilon \qquad (9.3)$$

となる.

[証明] 式 (9.1) と (9.2) の証明は式 (9.3) を証明するのと同じ方法でできるので，式 (9.3) を証明する．また，C^1-級ではなくても，$[a,b]$ を分割して考えることで，分割された区間では C^1-級であると考えてよい．分割された区間での不等式を足すことによって，γ 自身が C^1-級であると仮定してよい．この場合は，

$$M = \sup_{t \in [a,b]} \left(|\gamma_1'(t)| + |\gamma_2'(t)| \right) < \infty$$

となる．

D が開集合であるから，任意の $(x,y) \in \gamma([a,b])$ に対して，ある $\delta_{(x,y)} > 0$ が存在して，$\overline{B}((x,y), \delta_{(x,y)}) \subset D$ が成り立つ．$\gamma([a,b])$ はコンパクトであるから，有限集合

$$\{(x_1,y_1),(x_2,y_2),\ldots,(x_N,y_N)\} \in \gamma([a,b])$$

が存在して，

$$\gamma([a,b]) \subset \bigcup_{j=1}^{N} B((x_j,y_j), \delta_{(x_j,y_j)}) \qquad (9.4)$$

が成り立つ．任意の曲線上の点 $(x,y) \in \gamma([a,b])$ に対して，ある $j \in \{1,2,\ldots,N\}$ が存在して，

$$B((x,y), \delta_0) \subset B((x_j,y_j), \delta_{(x_j,y_j)}) \subset D \qquad (9.5)$$

が成り立つような j にはよらない一律な $\delta_0 > 0$ をとる．$\overline{B}((x_j,y_j), \delta_{(x_j,y_j)}) \subset D$ なので，

$$\overline{B}((x,y),\delta_0) \subset \overline{B}((x_j,y_j),\delta_{(x_j,y_j)}) \subset D \tag{9.6}$$

である．

$u, v \in [a,b]$ かつ $|u-v| < \dfrac{\delta_0}{2M+1}$ のとき，平均値の定理より，

$$|\gamma(u) - \gamma(v)| \leq |\gamma_1(u) - \gamma_1(v)| + |\gamma_2(u) - \gamma_2(v)|$$
$$\leq 2M|u-v|$$
$$< \delta_0$$

となるから，$\gamma(u)$ と $\gamma(v)$ を結ぶ線分は D に含まれる．

$$K = \bigcup_{j=1}^{N} \overline{B}((x_j,y_j),\delta_{(x_j,y_j)}) \tag{9.7}$$

とおこう．

次に，

$$D_j = \sqrt{(\gamma_1(t_j) - \gamma_1(t_{j-1}))^2 + (\gamma_2(t_j) - \gamma_2(t_{j-1}))^2}$$

$$S_1 = \sum_{j=1}^{N} R(\gamma(t_{j-1})) L D_j$$

と略記して，$j = 1, 2, \ldots, N$ に対して，

$$S_{2,j} = \int_{\gamma(t_{j-1}) \to \gamma(t_j)} R(x,y)\, ds$$

とおこう．線積分の定義によって，ある $\delta \in (0, \delta_0)$ が存在して，$|\Delta| < \delta$ を満たす任意の分割 $\Delta = \{t_j\}_{j=0}^{N}$ に対して，

$$\int_C R(x,y)\, ds - \frac{\varepsilon}{2} < S_1 < \int_C R(x,y)\, ds + \frac{\varepsilon}{2} \tag{9.8}$$

となる．

また，γ の長さを σ で表すとき，式 (9.7) で与えられるコンパクト集合 K 上で，関数 R は一様連続であるから，Δ を取り換えれば，$s \in [t_{j-1}, t_j]$ のとき，

$$|R(\gamma(t_{j-1})) - R(\gamma(s))| < \frac{\varepsilon}{4\sigma}$$

となる．したがって，

$$\left| S_1 - \sum_{j=1}^{N} S_{2,j} \right| < \varepsilon \tag{9.9}$$

である．$C_j (j = 1, 2, \ldots, L)$ をつないで得られる折れ線を C' とすれば，式 (9.8)，(9.9) より，式 (9.3) が得られる． $\square$

9.2 面積分

　曲線の長さは折れ線で近似するという明快なアイデアがあったが，曲面積の場合は曲面の概念が3種類あって複雑なので，別の考え方が必要となる．曲面にパラメータを入れることで計算ができるというありがたみがある一方で，パラメータを入れたのは計算をした自分たちである．図形は生まれつきパラメータを有していたわけではなく，計算の都合上われわれが入れたものである．このような観点から，集合としての図形が与えられたときに曲面積を定義するのが正当であるといえる．実際には，次のハウスドルフ測度という概念を用いることにする．

定義 9.4　表面積

$\varepsilon > 0$ とする．集合 $S \subset \mathbb{R}^3$ に対して，球の列 $\{B(x_j, r_j)\}_{j=1}^{\infty}$ で，

$$x_j \in \mathbb{R}^3, r_j \leq \varepsilon \quad (j = 1, 2, \ldots), \quad S \subset \bigcup_{j=1}^{\infty} B(x_j, r_j)$$

を満たすもの全体を $\mathcal{O}_\varepsilon(S)$ とする．

$$\mathcal{H}_\varepsilon(S) = \inf \left\{ \sum_{j=1}^{\infty} \pi r_j^{\,2} : \{B(x_j, r_j)\}_{j=1}^{\infty} \in \mathcal{O}_\varepsilon(S) \right\}$$

とおく．また，S の表面積を $\sigma(S) = \lim_{\varepsilon \downarrow 0} \mathcal{H}_\varepsilon(S)$ と定める．

表面積を曲面積ともいう．面積に関しては重複している可能性を考えれば次の不等式は明らかであろう．

命題 9.5

$S_1, S_2 \subset \mathbb{R}^3$ とする．$\sigma(S_1 \cup S_2) \leq \sigma(S_1) + \sigma(S_2)$ が成り立つ．

[証明]　$\mathcal{H}_\varepsilon(S_1) + \mathcal{H}_\varepsilon(S_2) \geq \mathcal{H}_\varepsilon(S)$ だからである．　□

　最終的な目標は曲面積とは何かということの理解と，実際に C^1-級の正則曲面に関しては面積を与える公式が従来のものと変わらないことを確かめることである．曲面はその名前の通り曲がっている面であるから，その曲面積を調べるのは容易ではない．次の命題は曲面を連続的に変形させても曲面積は大きくは変化しないことを示している．

命題 9.6　リプシッツ条件と曲面積

写像 $f:\mathbb{R}^3 \to \mathbb{R}^3$ がリプシッツ条件

$$|f(x) - f(y)| \leq C|x - y|$$

を満たしているとするとき，任意の $\varepsilon > 0$ に対して，

$$\mathcal{H}_{C\varepsilon}(f(S)) \leq C^2 \mathcal{H}_\varepsilon(S)$$

が成り立つ．

[証明]　$\{B(x_j, r_j)\}_{j=1}^\infty \in \mathcal{O}_\varepsilon(S)$ に対して，$\{B(f(x_j), Cr_j)\}_{j=1}^\infty \in \mathcal{O}_{C\varepsilon}f(S)$ が成り立つからである．　□

まだ，曲面積という量を定義しただけで，具体的な数値に関しては何もわかってはいないが，曲線の面積は 0 であることは次の命題からわかる．

命題 9.7

S が長さをもつ曲線の場合は，$\sigma(S) = 0$ が成り立つ．

[証明]　S の長さを ℓ とする．S 上に有限個の点 $P_1, P_2, \ldots, P_N$ で，互いに距離が ε 以上離れているものを考える．このような点を付け加えられる場合は，出来る限り付け加える．ただし，どのように頑張っても個数は $\dfrac{\ell}{\varepsilon} + 1$ を超すことはない．このとき，

$$\mathcal{H}_\varepsilon(S) \leq \pi \varepsilon^2 \left(\dfrac{\ell}{\varepsilon} + 1\right) = \pi \varepsilon(\varepsilon + \ell)$$

だから，$\sigma(S) = 0$ となる．　□

曲面積をよりよく理解するべく，xy 平面内の図形の曲面積は従来の面積と同じ数値であることを示したい．曲面積を求めるためには図形を球体で近似することを考えてきた．xy 平面内の図形を球

体で近似しても球体と平面の交わりは円であるから，xy 平面内での図形の円による近似を調べるのは理解ができるであろう．

次の命題は補助的な役割を果たす．$\overline{B}(\mathrm{P},r)$ と書いた場合は円板 $B(\mathrm{P},r)$ の境界も込めて考えていた．

命題9.8

$\varepsilon > 0$ とする．平面内の有界開集合 D は，C^1-級曲線 C によって，境界が与えられているとするとき，共通点をもたないような有限個の閉円板の列 $\{\overline{B}(x_j,r_j)\}_{j=1}^{N}$ があって，$r_j \leq \varepsilon, j = 1,2,\ldots,N$ で，これらの円の面積の総和は D の面積の半分を超える．

[証明] C を先ほどと同じように，有限個の円 $\{B(y_j,\varepsilon)\}_{j=1}^{K}$ で覆い，上の ε を小さくとることで，その円の面積の総和は D の面積の $\dfrac{1}{10}$ を超えないようにできる．D' を D から，$\{\overline{B}(y_j,\varepsilon)\}_{j=1}^{K}$ を除いて得られる開集合とする．今，D' は境界が円周の一部からなる領域であるから，辺の長さが ε 以下の境界を込めた正方形を敷き詰めていくことで，その敷き詰めた正方形の面積が D' の面積の $\dfrac{8}{9}$ を占めるようにできる．ただし，正方形を敷き詰めるときは，辺以外には重なりが無いように敷き詰めていくことにする．ここで，敷き詰めた正方形一つ一つをそれに内接する最大の円と同一の中心で，その円の半径の99%のもので置き換える．すると，その円の面積は正方形の面積の $\dfrac{\pi}{4} \times \dfrac{9801}{10000}$ であるから，D の面積と比較して，円の面積の総和は $\dfrac{\pi}{5}$ 以上になる．よって，確かに，円の面積の総和は D の面積の半分以上はある． □

xy 平面内の開集合を次の要領で近似できることから，最終的には曲面積と従来の面積は xy 平面内の図形に対しては同じであるとわかる．

9.2 面積分

命題 9.9

$\varepsilon > 0$ とする．有界開集合 D は，長さをもつ区分的に C^1-級の曲線 C によって，境界が与えられているとする．このとき，円周の点以外には共通点をもたないような半径 ε 以下の円板の列 $\{\overline{B}(x_j, r_j)\}_{j=1}^{\infty}$ があって，これらの円の面積の総和は D の面積と同じにできる．

[証明] 円の面積の総和が D の面積の $1 - 2^{-N}$ 以上の面積になるようにするためには，前述の円を敷き詰めた後，境界を込めた円を D から除くという操作を N 回繰り返せばよい．この操作を続けていって得られた円を集めればよい． $\square$

典型的な平面図形の曲面積を計算例として，長方形を挙げる．

命題 9.10

空間内にある長方形 R の面積 $\sigma(R)$ は通常の面積 $|R|$ と変わらない．

[証明] $\sigma(R)$ は平行移動しても，回転移動しても変わらないから， R は座標空間内の xy 平面にあるとしてよい．

$\sigma(R) \geq |R|$ を示そう．実際に， R の円板による任意の被覆をとると，コンパクト性から有限個の円板で覆える．これらの円には重複があるかもしれないが， R を覆っていることは確かなので， $\mathcal{H}_\varepsilon(R) \geq |R|$ となる． $\varepsilon \downarrow 0$ として， $\sigma(R) \geq |R|$ が得られる．

逆向きの不等号を示そう． R は境界をすべて含めないとしてよい． $\varepsilon > 0$ を任意にとる．命題 9.9 により，次の条件を満たしている球の列 $\{B(x_j, r_j)\}_{j=1}^{\infty} \in \mathcal{O}_\varepsilon(R)$ を選べる．

(1) 球の中心はすべて R に存在する．

(2) $\sum_{j=1}^{\infty} \pi r_j{}^2 = |R|$

(3) $B(x_j, r_j)$ は互いに交わらない.

$K = R \setminus \bigcup_{j=1}^{\infty} B(x_j, r_j)$ とする. $\varepsilon > 0$ より, N を十分大きく選ぶ と, $\sum_{j=J+1}^{\infty} \pi r_j{}^2 < \frac{1}{100}\varepsilon$ となる. したがって, $R \setminus (B(x_1, r_1) \cup B(x_2, r_2) \cup \cdots \cup B(x_J, r_J))$ の特性関数はリーマン積分可能である.

ある K が存在して, K 世代の2進立方体で $R \setminus (B(x_1, r_1) \cup B(x_2, r_2) \cup \cdots \cup B(x_J, r_J))$ を覆い, その面積の誤差を $\frac{1}{100}\varepsilon$ 以下にできる. したがって, これらの各2進立方体を頂点をすべて通る円 $B(y_k, s_k)$ におきかえることで, $\mathcal{H}_\varepsilon(R \setminus (B(x_1, r_1) \cup B(x_2, r_2) \cup \cdots \cup B(x_J, r_J))) < \frac{1}{2}\varepsilon$ がいえる. したがって, $R \subset \bigcup_{j=1}^{\infty} B(x_j, r_j) \cup \bigcup_{k=1}^{\infty} B(y_k, s_k)$ および $\sup_{j \in \mathbb{N}} r_j, \sup_{k \in \mathbb{N}} s_k \leq \varepsilon, \sum_{j=1}^{\infty} \pi(r_j{}^2 + s_j{}^2) \leq |R| + \varepsilon$ が成り立つ. よって, $\mathcal{H}_\varepsilon(R) \leq |R| + \varepsilon$ となる. $\varepsilon > 0$ は任意であるから, $\sigma(R) \leq |R|$ となる. □

半球 $z = \sqrt{1 - x^2 - y^2}$ は残念ながら正則曲面とはいえない. $x^2 + y^2 = 1, z = 0$ の箇所では微分ができないからである. しかし, このような図形でも $x^2 + y^2 \leq 1 - n^{-1}$ で考える限りは正則曲面なので, 半球をコンパクト集合で近似して曲面積を求めることにしたい. このような状況を一般化したのが次の命題である.

命題9.11

S をコンパクト集合として, S のコンパクト部分集合 K の部分を除いて, K とは交わらない S のコンパクト集合の増大列 $S_1 \subset S_2 \subset \cdots \subset S_N \subset \cdots$ によって, S が近似されているとする. つまり, 任意の $\varepsilon > 0$ に対して, ある N が存在して,

P $\in S \setminus S_N$ ならば，P と K との距離が ε 以下であると仮定する．このとき，$\sigma(K) + \lim_{N\to\infty} \sigma(S_N) = \sigma(S)$ が成り立つ．

[証明]　$\sigma(K) + \lim_{N\to\infty} \sigma(S_N) \leq \sigma(S)$ は明らかであるから，逆向きの不等式を示せばよい．仮に，逆向きの不等式が成り立たないとすると，

$$\eta = \frac{1}{2}\left(\sigma(S) - \sigma(K) - \lim_{N\to\infty}\sigma(S_N)\right) > 0$$

である．$\mathcal{H}_\varepsilon(K) < \sigma(K) + \eta$ となる ε と，それに呼応した

$$\sum_{j=1}^{\infty} \pi r_j{}^2 < \sigma(K) + \eta$$

となる $\{B(x_j, r_j)\}_{j=1}^{\infty} \in \mathcal{O}_\varepsilon(S)$ を取る．K はコンパクトであると仮定しているから，球は実際には無限には必要としていない．そこで，実際に必要としている分だけ，$M(\in \mathbb{N})$ 個の球の集まり $\{B(x_j, r_j)\}_{j=1}^{M}$ $\in \mathcal{O}_\varepsilon(S)$ をとって，$\sum_{j=1}^{M} \pi r_j{}^2 < \sigma(K) + \eta$ とできる．ここで，M は有限であるから，N を適当に大きくとれば，

$$S \subset S_N \cup B(x_1, r_1) \cup B(x_2, r_2) \cup \cdots \cup B(x_M, r_M)$$

とできる．したがって，

$$\sigma(S) \leq \sigma(S_N) + \sum_{j=1}^{M} \sigma(B(x_j, r_j))$$
$$\leq \sigma(S_N) + \sum_{j=1}^{M} \pi r_j{}^2 \leq \sigma(S_N) + \sigma(K) + \eta < \sigma(S)$$

となり，矛盾が生じる．　　　□

u, v の関数 x, y のヤコビ行列とヤコビアンを

$$\frac{\partial(x,y)}{\partial(u,v)} = \begin{pmatrix} x_u(u,v) & y_u(u,v) \\ x_v(u,v) & y_v(u,v) \end{pmatrix}, \left|\frac{\partial(x,y)}{\partial(u,v)}\right| = \det\frac{\partial(x,y)}{\partial(u,v)}$$

と定める．正則曲面に対しては曲面積の定義が 2 つ（定義 2.38 と定義 9.4）あるが，これらが一致することを示そう．

命題 9.12

D を $\mathbb{R}^2$ の開集合，K を D に含まれる有界閉集合とする．また，$\Phi: D \to \mathbb{R}^3$ を C^1-級関数とする．

$$D(u,v) = \left|\frac{\partial(x,y)}{\partial(u,v)}\right|^2 + \left|\frac{\partial(y,z)}{\partial(u,v)}\right|^2 + \left|\frac{\partial(z,x)}{\partial(u,v)}\right|^2$$

とおく．Φ が正則曲面を与えると仮定すると，$\Phi(K)$ の表面積は $\sigma(S) = \iint_K \sqrt{D(u,v)}\, du\, dv$ で与えられる．

関数 $D(u,v)$ の定義に関して，注意を与えておこう．
関数 $\Delta_{11}(u,v), \Delta_{12}(u,v), \Delta_{21}(u,v), \Delta_{22}(u,v)$ を

$\Delta_{11}(u,v) = x_u(u,v)^2 + y_u(u,v)^2 + z_u(u,v)^2$

$\Delta_{12}(u,v) = \Delta_{21}(u,v)$
$\qquad\qquad = x_u(u,v)x_v(u,v) + y_u(u,v)y_v(u,v) + z_u(u,v)z_v(u,v)$

$\Delta_{22}(u,v) = x_v(u,v)^2 + y_v(u,v)^2 + z_v(u,v)^2$

と定めると，$D(u,v)$ は $D(u,v) = \det\begin{pmatrix} \Delta_{11}(u,v) & \Delta_{12}(u,v) \\ \Delta_{21}(u,v) & \Delta_{22}(u,v) \end{pmatrix}$ で与えられる．

[証明] 図形を近似して考えてよいので，K を長方形とする．K を適当に等分割して，N^2 個の相似な長方形に分ける．これらの長方形を $K_1^N, K_2^N, \ldots, K_{N^2}^N$ として，それに対応する S の部分を $S_1^N =$

$\Phi(K_1^N), S_2^N = \Phi(K_2^N), \ldots, S_{N^2}^N = \Phi(K_{N^2}^N)$ と定める. $K_1^N, K_2^N, \ldots,$ $K_{N^2}^N$ には境界部分があるために,辺を共有する可能性がある. したがって,$S_1^N, S_2^N, \ldots, S_{N^2}^N$ にも重複分があり得るが,その重複分は分解して考えてみれば,C^1-級の曲線に他ならないので,$\sigma(S) = \sum_{j=1}^{N^2} \sigma(S_j^N)$ が成り立つ. $K_1^N, K_2^N, \ldots, K_{N^2}^N$ の左下の角を $\mathrm{P}_1 = (u_1, v_1)$, $\mathrm{P}_2 = (u_2, v_2), \ldots, \mathrm{P}_{N^2} = (u_{N^2}, v_{N^2})$ とする.

$j = 1, 2, \ldots, N^2$ とする. 実数 A_j, B_j, C_j を

$$\begin{pmatrix} \Delta_{11}(u_j, v_j) & \Delta_{12}(u_j, v_j) \\ \Delta_{21}(u_j, v_j) & \Delta_{22}(u_j, v_j) \end{pmatrix} = \begin{pmatrix} A_j & B_j \\ B_j & C_j \end{pmatrix}^2$$

となるようにとる. $u, v \in \mathbb{R}$ の関数 $Q_j(u, v)$ を

$$\begin{aligned} Q_j(u, v) &= (A_j u + B_j v)^2 + (B_j u + C_j v)^2 \\ &= \Delta_{11}(u_j, v_j) u^2 + 2\Delta_{12}(u_j, v_j) uv + \Delta_{22}(u_j, v_j) v^2 \end{aligned}$$

と定める. 定数 $\theta > 1$ が存在して,

$$\theta^{-1}(u^2 + v^2) \leq Q_j(u, v) \leq \theta(u^2 + v^2)$$

が成り立つ.

$(u, v) \in K_j^N$ とする. 関数 X_j, Y_j, Z_j を

$$\begin{aligned} X_j(u, v) &= x(u, v) - x(u_j, v_j) \\ &\quad - (u - u_j) x_u(u_j, v_j) - (v - v_j) x_v(u_j, v_j) \\ Y_j(u, v) &= y(u, v) - y(u_j, v_j) \\ &\quad - (u - u_j) y_u(u_j, v_j) - (v - v_j) y_v(u_j, v_j) \\ Z_j(u, v) &= z(u, v) - z(u_j, v_j) \\ &\quad - (u - u_j) z_u(u_j, v_j) - (v - v_j) z_v(u_j, v_j) \end{aligned}$$

と定める. 各 N と $j = 1, 2, \ldots, N^2$ に対して,

$$E^u_{N,j(x)} = \sup_{(u,v) \in K_j^N} |x_u(u,v) - x_u(u_j, v_j)|$$

と定める．たとえば，$E_{N,j(y)}$ なども同様にして定める．つぎに，

$$E_{N,j;u} = E^u_{N,j(x)} + E^u_{N,j(y)} + E^u_{N,j(z)}$$

$$E_{N,j;v} = E^v_{N,j(x)} + E^v_{N,j(y)} + E^v_{N,j(z)}$$

とおく．最後に，$E_N = \max_{j=1,2,\ldots,N^2} (E_{N,j;v} + E_{N,j;u})$ とおくと，一様連続性から $\lim_{N \to \infty} E_N = 0$ が従い，平均値の定理から

$$\left| \Big(X_j(u,v), Y_j(u,v), Z_j(u,v) \Big) \right| \leq E_N \theta \sqrt{Q_j(u-u', v-v')}$$

$$(1 - 3E_N\theta)\sqrt{Q_j(u-u', v-v')}$$
$$\leq \left| \Big(x(u,v) - x(u',v'), y(u,v) - y(u',v'), z(u,v) - z(u',v') \Big) \right|$$
$$\leq (1 + 3E_N\theta)\sqrt{Q_j(u-u', v-v')}$$

となる．

写像 $M_j : \mathbb{R}^2 \to \mathbb{R}^2$ を $M_j(u,v) = (A_j u + B_j v, B_j v + C_j u)$ と定める．すると，$j = 1, 2, \ldots, N^2$ に対して，

$$|\Phi \circ M_j^{-1}(p,q) - \Phi \circ M_j^{-1}(p',q')|$$
$$\leq (1 + 3E_N\theta)\sqrt{(p-p')^2 + (q-q')^2} \quad ((p,q),(p',q') \in M_j(K_j^N))$$
$$|M_j^{-1} \circ \Phi(p,q) - M_j^{-1} \circ \Phi(p',q')|$$
$$\leq (1 - E_N\theta)\sqrt{(p-p')^2 + (q-q')^2} \quad ((p,q),(p',q') \in S_j^N)$$

であるから，命題 9.6 より

$$\frac{1}{1 - 3E_N\theta} \sum_{j=1}^{N^2} \sigma(M_j(K_j^N)) \leq \sigma(S) \leq (1 + 3E_N\theta) \sum_{j=1}^{N^2} \sigma(M_j(K_j^N))$$

となる．これより，

$$\sum_{j=1}^{N^2} \sigma(M_j(K_j^N)) = \sum_{j=1}^{N^2} \iint_{K_j^N} \det(M_j)\, du\, dv$$

$$= \sum_{j=1}^{N^2} \iint_{K_j^N} \sqrt{\det \begin{pmatrix} \Delta_{11}(u_j, v_j) & \Delta_{12}(u_j, v_j) \\ \Delta_{21}(u_j, v_j) & \Delta_{22}(u_j, v_j) \end{pmatrix}}\, du\, dv$$

$$\to \iint_K \sqrt{\det \begin{pmatrix} \Delta_{11}(u, v) & \Delta_{12}(u, v) \\ \Delta_{21}(u, v) & \Delta_{22}(u, v) \end{pmatrix}}\, du\, dv \quad (N \to \infty)$$

が成り立つから,結論が得られた. □

C^1-級のパラメータ表示を備えている曲面は曲線の長さと同じ扱いができることを次の命題で示そう.

命題 9.13　曲面積の多面体近似

境界を含めた $\triangle \mathrm{ABC}$ が平面内の領域 $\mathcal{D}$ に含まれるとする.また,AB と AC はそれぞれ x 軸,y 軸に含まれるとする.各自然数 N に対して,$\triangle \mathrm{PQR} \in \mathcal{D}_{(N)}(\triangle \mathrm{ABC})$ を任意に取り,D で定義された $\mathbb{R}^3$ に値をとる C^1-級写像 Φ で写した $\triangle \Phi(\mathrm{P})\Phi(\mathrm{Q})\Phi(\mathrm{R})$ を考える.Φ が正則曲面を与えるとする.このような $\triangle \Phi(\mathrm{P})\Phi(\mathrm{Q})\Phi(\mathrm{R})$ の 4^N 個すべての合併を T^N とするとき,$\lim_{j \to \infty} \sigma(T^N) = \sigma(T)$ が成り立つ.

[証明]　$\triangle \mathrm{PQR} \in \mathcal{D}_{(N)}(\triangle \mathrm{ABC})$ が与えられた時に,それらを
$$\mathrm{P}(u_0, v_0), \mathrm{Q}(u_0, v_1), \mathrm{R}(u_1, v_0)$$
と座標表示する.外積によって得られるベクトル

$$\begin{pmatrix} x(u_1, v_0) - x(u_0, v_0) \\ y(u_1, v_0) - y(u_0, v_0) \\ z(u_1, v_0) - z(u_0, v_0) \end{pmatrix} \times \begin{pmatrix} x(u_0, v_1) - x(u_0, v_0) \\ y(u_0, v_1) - y(u_0, v_0) \\ z(u_0, v_1) - z(u_0, v_0) \end{pmatrix}$$

の長さが $\triangle\Phi(P)\Phi(Q)\Phi(R)$ の面積の 2 倍である．平均値の定理によって，

$$\begin{pmatrix} x(u_1,v_0)-x(u_0,v_0) \\ y(u_1,v_0)-y(u_0,v_0) \\ z(u_1,v_0)-z(u_0,v_0) \end{pmatrix} \times \begin{pmatrix} x(u_0,v_1)-x(u_0,v_0) \\ y(u_0,v_1)-y(u_0,v_0) \\ z(u_0,v_1)-z(u_0,v_0) \end{pmatrix}$$

$$= \begin{pmatrix} (u_1-u_0)x_u(S_{\triangle\mathrm{PQR},1}) \\ (u_1-u_0)x_u(S_{\triangle\mathrm{PQR},2}) \\ (u_1-u_0)x_u(S_{\triangle\mathrm{PQR},3}) \end{pmatrix} \times \begin{pmatrix} (v_1-v_0)x_v(S_{\triangle\mathrm{PQR},4}) \\ (v_1-v_0)x_v(S_{\triangle\mathrm{PQR},5}) \\ (v_1-v_0)x_v(S_{\triangle\mathrm{PQR},6}) \end{pmatrix}$$

となる $S_{\triangle\mathrm{PQR},1},\ldots,S_{\triangle\mathrm{PQR},6} \in \triangle\mathrm{PQR}$ が存在する．したがって，

$$\sum_{\triangle\mathrm{PQR}\in\mathcal{D}_{(N)}(\triangle\mathrm{ABC})} |\triangle\Phi(P)\Phi(Q)\Phi(R)|$$

$$= \sum_{\triangle\in\mathcal{D}_{(N)}(\triangle\mathrm{ABC})} \left| \begin{pmatrix} x_u(S_{\triangle,1}) \\ x_u(S_{\triangle,2}) \\ x_u(S_{\triangle,3}) \end{pmatrix} \times \begin{pmatrix} x_v(S_{\triangle,4}) \\ x_v(S_{\triangle,5}) \\ x_v(S_{\triangle,6}) \end{pmatrix} \right| |\triangle|$$

$$\to \lim_{N\to\infty} \iint_{\triangle\mathrm{ABC}} \sqrt{D(u,v)}\,du\,dv \quad (N\to\infty)$$

が得られる．以上より，命題 9.12 と組み合わせて

$$\sigma(T^N) = \sum_{\triangle\mathrm{PQR}\in\mathcal{D}_{(N)}(\triangle\mathrm{ABC})} |\triangle\Phi(P)\Phi(Q)\Phi(R)|$$

$$\to \iint_{\triangle\mathrm{ABC}} \sqrt{D(u,v)}\,du\,dv = \sigma(T)$$

が得られる． □

曲面積の概念とその性質がわかったところで，面積分を定義したい．リーマン積分の場合は領域を細かくする方法は平面内の図形であったために明確であった．曲面の場合はどのようにして細かく区切ればよいのかが不明瞭である．そこで，曲面の分割に関して考えたい．

S をコンパクト集合として以下の条件を満たすコンパクト集合の有限列 $S_1, S_2, \ldots, S_N$ の全体を $\Delta(S)$ と表すことにする.
(1) $\sigma(S_i \cap S_j) = 0$, $1 \leq i < j \leq N$
(2) $S = S_1 \cup S_2 \cup \cdots \cup S_N$

命題 9.14

S をコンパクトな曲面とするとき, $\{S_j\}_{j=1}^N \in \Delta(S)$ に対して, $\sigma(S) = \sigma(S_1) + \sigma(S_2) + \cdots + \sigma(S_N)$ が成り立つ.

[証明] $E = \bigcup_{1 \leq i < j \leq N} S_i \cap S_j$ とおくと, $\sigma(E) = 0$ である. $\varepsilon > 0$ とする. E はコンパクトだから, 任意に与えた $k \in \mathbb{N}$ に対して, E を有限個の半径が k^{-1} を超えない L_k 個の開球 $B_1, B_2, \ldots, B_{L_k}$ で覆える. さらに, $\sigma(E) = 0$ であるから, その体積の総和が ε を超えないようにする. $U_k = B_1 \cup B_2 \cup \cdots \cup B_{L_k}$ とおく. すると, σ の定義から,

$$\sigma(S) \geq \sigma(S \setminus U) = \sigma(S_1 \setminus U_k) + \sigma(S_2 \setminus U_k) + \cdots + \sigma(S_N \setminus U_k)$$

となる. $k \to \infty$ とすると, 命題 9.11 より $\sigma(S) = \sigma(S_1) + \sigma(S_2) + \cdots + \sigma(S_N)$ が成り立つ. □

S をコンパクト集合として S 上の有界関数 $f : S \to \mathbb{R}$ が与えられたとする. $\Lambda = \{S_j\}_{j=1}^N \in \Delta(S)$ に対して,

$$s_\Delta f = \sum_{j=1}^N \sigma(S_j) \inf_{S_j} f(x, y), \quad S_\Delta f = \sum_{j=1}^N \sigma(S_j) \sup_{S_j} f(x, y)$$

と定めて, f のこの分割に関する不足和, 過剰和という. 一般には

$$\sup_{\Delta \in \Delta(S)} s_\Delta f \leq \inf_{\Delta \in \Delta(S)} S_\Delta f$$

である. この等号が成立する場合, f を S 上積分可能といい,

$$\iint_S f(x,y,z)\,d\sigma(x,y,z) = \sup_{\Delta \in \Delta(S)} s_\Delta f = \inf_{\Delta \in \Delta(S)} S_\Delta f$$

と定める. $\iint_S f(x,y,z)\,d\sigma(x,y,z)$ を f の S 上の面積分と再定義する.

命題 9.15

D を $\mathbb{R}^2$ の開集合, K を D に含まれる有界閉区間とする. また, $\Phi : D \to \mathbb{R}^3$ を $1:1$ の C^1-級関数とする. $S = \Phi(K)$ とおくとき, 任意の $\delta > 0$ に対して, 分割 $\{S_j\}_{j=1}^N \in \Delta(S)$ で, すべての $j = 1, 2, \ldots, N$ に対して, $\mathrm{diam}(S_j) < \delta$ となるものが存在する. ただし $\mathrm{diam}(S_j) = \sup_{x,y \in S_j} |x-y|$ と定める.

[証明] M を十分大きくとる. $Q \in \mathcal{D}_M$ に対して, $Q \cap K$ が空集合でないような Q を $Q_1, Q_2, \ldots, Q_N$ とする. S_j は $\Phi(Q_j \cap K)$ とその境界の合併とおく. M が十分に大きければ, K における Φ の一様連続性より, $\{S_j\}_{j=1}^N \in \Delta(S)$ が求めるものであるとわかる. □

曲面の分割の意味がはっきりすると, 連続関数がどういう曲面で面積分可能かわかる.

定理 9.16 連続関数の面積分可能性

S はコンパクトな曲面とする. 任意の $\delta > 0$ に対して, 分割 $\{S_j\}_{j=1}^N \in \Delta(S)$ で, すべての j に対して, $\mathrm{diam}(S_j) < \delta$ となるものが存在すると仮定する. また, $f : S \to \mathbb{R}$ を連続関数とする. このとき, 任意の $\varepsilon > 0$ に対して, ある $\delta > 0$ が存在して, このような分割に対して,

$$S_\Delta f - s_\Delta f < \varepsilon$$

となるものが存在する. したがって, 特に,

$$\sup_{\Delta \in \Delta(S)} s_\Delta f = \inf_{\Delta \in \Delta(S)} S_\Delta f$$

である.

[証明] f が連続関数であるから,特に一様連続で,ある $\delta > 0$ が存在して,$x, y \in S$ が $|x - y| < \delta$ を満たしているとき,

$$|f(x) - f(y)| \leq \frac{\varepsilon}{\sigma(S) + 1}$$

が成り立つ.したがって,命題 9.15 の分割を用いて

$$S_\Delta f - s_\Delta f = \sum_{j=1}^{N} \sigma(S_j) \left(\sup_{S_j} f - \inf_{S_j} f \right) < \varepsilon$$

となる. □

これらの定義に基づいて面積分を計算する公式も得ることができる.

命題 9.17

D を $\mathbb{R}^2$ の開集合として,K を D に含まれる有界閉集合とする.また,$\Phi = (x, y, z) : D \to \mathbb{R}^3$ を C^1-級関数とする.$S = \Phi(K)$ は正則曲面であるとする.f を S 上の連続関数とするとき,

$$\iint_S f(x, y, z) d\sigma(x, y, z)$$
$$= \iint_K f(x(u,v), y(u,v), z(u,v)) \sqrt{D(u,v)} \, du \, dv$$

が成り立つ.

[証明] $\delta = k^{-1}$ に応じて，命題 9.15 にあるような分割 $\{K_k^j\}_{j=1}^{N_k}$ を取ってくる．f の一様連続性から，$(u_j, v_j) \in K_k^j$ を任意に選ぶと，定理 9.16，命題 9.13，命題 8.3 より

$$\iint_S f(x,y,z) d\sigma(x,y,z)$$
$$= \lim_{k\to\infty} \sum_{j=1}^{N_k} f(x(u_j,v_j), y(u_j,v_j), z(u_j,v_j)) \sigma(\Phi(K_k^j))$$
$$= \lim_{k\to\infty} \sum_{j=1}^{N_k} \iint_{K_k^j} f(x(u_j,v_j), y(u_j,v_j), z(u_j,v_j)) \sqrt{D(u,v)}\, du\, dv$$
$$= \iint_K f(x(u,v), y(u,v), z(u,v)) \sqrt{D(u,v)}\, du\, dv$$

□

9.3 グリーンの定理の証明

ここではグリーンの定理の証明をする．一般の領域に対しては折れ線で多角形に近似できるのでここでは領域は多角形であるとする．ストークスの定理とガウスの定理に対しても同じ方法が使える．この証明方法は藤原大輔氏に教えていただいた．

定理9.18 **グリーンの定理**

Ω を有界な多角形領域とする．関数 P, Q は Ω の閉包 $\overline{\Omega}$ を含む領域 D で C^1-級とする．このとき，

$$\iint_\Omega (Q_x(x,y) - P_y(x,y))\, dx\, dy = \oint_C P(x,y)\, dx + Q(x,y)\, dy$$

が成り立つ．

[証明] Ω を三角形に分割して考えることで，Ω は三角形としてよい．$R(x,y) = Q_x(x,y) - P_y(x,y)$ と定める．$\Omega = \triangle \mathrm{ABC}$ とする．三角形 $\triangle$ の重心の座標を一般に $(x_\triangle, y_\triangle)$ と表すことにしよう．また，

$$\Delta P(x,y) = P(x,y) - P(x_\triangle, y_\triangle)$$
$$- (x - x_\triangle) P_x(x_\triangle, y_\triangle) - (y - y_\triangle) P_y(x_\triangle, y_\triangle)$$
$$\Delta Q(x,y) = Q(x,y) - Q(x_\triangle, y_\triangle)$$
$$- (x - x_\triangle) Q_x(x_\triangle, y_\triangle) - (y - y_\triangle) Q_y(x_\triangle, y_\triangle)$$

とおこう．R が連続であるから，命題 8.3 より $N \to \infty$ のときに

$$\sum_{\triangle \in \mathcal{D}_{(N)}(\triangle \mathrm{ABC})} R(x_\triangle, y_\triangle)|\triangle| \to \iint_{\triangle \mathrm{ABC}} R(x,y)\, dx\, dy$$

となる．ここで，1 次式に対しては，グリーンの定理が成り立つことを知っているから，

$$R(x_\triangle, y_\triangle)|\triangle|$$
$$= \oint_{\partial \triangle} ((x - x_\triangle) P_x(x_\triangle, y_\triangle) + (y - y_\triangle) P_y(x_\triangle, y_\triangle))\, dx$$
$$+ \oint_{\partial \triangle} ((x - x_\triangle) Q_x(x_\triangle, y_\triangle) + (y - y_\triangle) Q_y(x_\triangle, y_\triangle))\, dy$$
$$= \oint_{\partial \triangle} (P(x,y) - \Delta P(x,y))\, dx + \oint_{\partial \triangle} (Q(x,y) - \Delta Q(x,y))\, dy$$

となる．三角形の幅を小さくすると，

$$\oint_{\partial \triangle} \Delta P(x,y)\, dx,\ \oint_{\partial \triangle} \Delta Q(x,y)\, dy$$

の値は $\triangle$ について総和しても小さくできるので，結論が得られる．

$\square$

グリーンの定理 (定理 3.1) の証明は定理 9.18 と命題 9.3 を組み合わせて得られる．ストークスの定理なども同様に証明される．

第10章

ベクトル解析の応用

　ここでは，ベクトル解析がどのような数学的な学問に発展していくかを述べる．ジョルダンの曲線定理とは単純閉曲線 $\gamma : [0, 1] \to \mathbb{R}^2$ が与えられると，$\mathbb{R}^2 \setminus \gamma([0, 1])$ は2つの連結集合の互いに交わらない和として表されるという定理で，直感的には明らかであるが，数学的に証明するのは難しい．このような事項を証明するために，ベクトル解析が大活躍する．

10.1　完全形の微分方程式

"偏微分は交換する" つまり，次の定理が成り立つ．

定理 10.1　**偏微分の交換**

$f(x,y)$ を，偏導関数 f_x, f_y, f_{xy}, f_{yx} が存在するような，$\mathbb{R}^2$ の領域 D 上の C^1-級関数とする．f_{xy}, f_{yx} が両方とも連続ならば，$f_{xy} = f_{yx}$ が成り立つ．

[証明]　$f(x+a, y+b) - f(x+a, y) - f(x, y+b) + f(x, y)$ に対して平均値の定理を使う．$g_{y,b}(x) = f(x, y+b) - f(x, y)$ とおくと，この量は $g_{y,b}(x+a) - g_{y,b}(x)$ と表せる．そこで，x の関数 $g_{y,b}(x)$ に対して平均値の定理を用いて，$0 < \theta_{x,y,a,b} < 1$ となる $\theta_{x,y,a,b}$ で

$$g_{y,b}(x+a) - g_{y,b}(x) = a\, g'_{y,b}(x + \theta_{x,y,a,b} a)$$

が成り立つ．つまり，

$$f(x+a, y+b) - f(x+a, y) - f(x, y+b) + f(x, y)$$
$$= a\, f_x(x + \theta_{x,y,a,b} a, y+b) - a\, f_x(x + \theta_{x,y,a,b} a, y)$$

となる．さらに，$h_{x, \theta_{x,y,a,b}, a}(z) = f_x(x + \theta_{x,y,a,b} a, z)$ に平均値の定理を用いて，

$$f(x+a, y+b) - f(x+a, y) - f(x, y+b) + f(x, y)$$
$$= a\, b\, f_{xy}(x + \theta_{x,y,a,b} a, y + \varphi_{x,y,a,b} b)$$

なる $\varphi_{x,y,a,b} \in (0,1)$ が見つけられる．変数の順番を逆にすれば，

$$f(x+a, y+b) - f(x+a, y) - f(x, y+b) + f(x, y)$$
$$= a\, b\, f_{yx}(x + \theta^*_{x,y,a,b} a, y + \varphi^*_{x,y,a,b} b)$$

なる $\theta^*_{x,y,a,b}, \varphi^*_{x,y,a,b} \in (0,1)$ が見つけられる．以上より，

$$f_{xy}(x + \theta_{x,y,a,b}a, y + \varphi_{x,y,a,b}b)$$
$$= f_{yx}(x + \theta^*_{x,y,a,b}a, y + \varphi^*_{x,y,a,b}b)$$

となる．$\theta_{x,y,a,b}, \varphi_{x,y,a,b}, \theta^*_{x,y,a,b}, \varphi^*_{x,y,a,b} \in (0,1)$ だから，

$$(x,y) = \lim_{a,b \to 0}(x + \theta_{x,y,a,b}a, y + \varphi_{x,y,a,b}b)$$
$$= \lim_{a,b \to 0}(x + \theta^*_{x,y,a,b}a, y + \varphi^*_{x,y,a,b}b)$$

である．したがって，f_{xy}, f_{yx} は連続であるから，

$$f_{xy}(x,y) = \lim_{a,b \to 0} f_{xy}(x + \theta_{x,y,a,b}a, y + \varphi_{x,y,a,b}b)$$
$$= \lim_{a,b \to 0} f_{yx}(x + \theta^*_{x,y,a,b}a, y + \varphi^*_{x,y,a,b}b)$$
$$= f_{yx}(x,y)$$

が成り立つ． □

そこで，この問題の逆を考えよう．

問題 両立条件 $\dfrac{\partial Q}{\partial y} = \dfrac{\partial R}{\partial x}$ が成り立つ $\mathbb{R}^2$ の領域 D で定義された C^1-級関数 Q, R に対して，$\dfrac{\partial P}{\partial x} = Q, \dfrac{\partial P}{\partial y} = R$ が成り立つような C^2-級関数 P が存在するか？

一般にはこの問題の答えは『否』である．つぎの命題で反例を与える．

> **命題 10.2**
> $Q(x,y) = \dfrac{y}{x^2+y^2},\ R(x,y) = -\dfrac{x}{x^2+y^2}$ とする.
> (1) 両立条件 $\dfrac{\partial Q}{\partial y} = \dfrac{\partial R}{\partial x}$ が成り立つ.
> (2) $\dfrac{\partial P}{\partial x} = Q,\ \dfrac{\partial P}{\partial y} = R$ が成り立つような C^2-級関数 P は存在しない.

[証明]
(1) $\dfrac{\partial Q}{\partial y} = \dfrac{\partial R}{\partial x} = \dfrac{x^2 - y^2}{(x^2+y^2)^2}$ だからである.
(2) 仮にそのような関数 P が存在したとする. すると,

$$I = \int_0^{2\pi} \left(-Q(\cos\theta, \sin\theta)\sin\theta + R(\cos\theta, \sin\theta)\cos\theta\right) d\theta$$

に対して,

$$\begin{aligned} I &= \int_0^{2\pi} \left(-\frac{\partial P}{\partial x}(\cos\theta, \sin\theta)\sin\theta + \frac{\partial P}{\partial y}(\cos\theta, \sin\theta)\cos\theta\right) d\theta \\ &= \int_0^{2\pi} \frac{d}{d\theta} P(\cos\theta, \sin\theta)\, d\theta \\ &= P(\cos 2\pi, \sin 2\pi) - P(\cos 0, \sin 0) = 0. \end{aligned}$$

ところが, $-Q(\cos\theta, \sin\theta)\sin\theta + R(\cos\theta, \sin\theta)\cos\theta = -1$ より, 実際には

$$I = -\int_0^{2\pi} d\theta = -2\pi$$

であるから, この命題にあるような関数 P が存在すると仮定して矛盾が得られた. □

初めに与えた問題にある程度の答えを与えておこう.

定理 10.3　凸集合における完全微分方程式の解の存在

Q, R を $\mathbb{R}^2$ の凸集合 D で定義された C^1-級関数とする．両立条件 $\dfrac{\partial Q}{\partial y} = \dfrac{\partial R}{\partial x}$ を満たすならば，$\dfrac{\partial P}{\partial x} = Q$，$\dfrac{\partial P}{\partial y} = R$ が成り立つような C^2-級関数 P が存在する．

[証明]　証明は線積分を用いて証明される．初めに，$(x_0, y_0) \in D$ を固定する．(x_0, y_0) から (x, y) へ至る折れ線からなる曲線 C を取って

$$P(x, y) = \int_C Q(X, Y)\, dX + R(X, Y)\, dY$$

と定める．このとき，大事なことは D が凸集合であるために，関数 P を定めている右辺の量は C によらないことが証明できることである．実際に，C_1, C_2 を (x_0, y_0) から (x, y) へ至る2つの折れ線からなる曲線とする．必要なら (x_0, y_0) から (x, y) へ至る別の曲線 C_3 で C_1, C_2 と始点と終点でしか交わらないものを考えることで，C_1 と C_2 は始点と終点でしか交わらないとしてよい．さらに，C_2 の終点と始点を逆にした逆向き曲線 $-C$ を考え，C_1 の始点と終点をつないで，D 内のループを考える．必要ならば C_1, C_2 を入れ替えてこのループは反時計回りであるとしてよい．このとき，C_1 と $-C_2$ は領域 D_0 の境界であるとする．このとき，D が凸集合だから D_0 は D に含まれる．ストークスの定理より

$$\int_{C_1} Q(X, Y)\, dX + R(X, Y)\, dY - \int_{C_2} Q(X, Y)\, dX + R(X, Y)\, dY$$
$$= \iint_{D_0} \left(-\dfrac{\partial Q}{\partial x}(X, Y) + \dfrac{\partial R}{\partial y}(X, Y) \right) dX\, dY$$
$$= 0$$

となる．したがって，$P(x, y)$ は C の取り方によらない．

この P に対して，$P(x, y)$ は C の取り方によらないから

$$\frac{\partial P}{\partial x}(x,y) = \lim_{h \to 0} \frac{P(x+h,y) - P(x,y)}{h}$$
$$= \lim_{h \to 0} \frac{1}{h} \int_0^h Q(s+x, y)\, ds = Q(x,y)$$

となる．また，同じく

$$\frac{\partial P}{\partial y}(x,y) = \lim_{h \to 0} \frac{P(x,y+h) - P(x,y)}{h}$$
$$= \lim_{h \to 0} \frac{1}{h} \int_0^h R(x, s+y)\, ds = R(x,y)$$

であるから，この関数 P が求めるべきものである． □

【注意】 証明を見てわかるように，求めるべき解 P がどのようにして求められるかもわかる．つまり，始点を任意に決めて，終点 (x, y) まで，適当な折れ線で結んでおいて，$Q(x, y)\, dx + R(x, y)\, dy$ を積分することで解が得られる．

最後に，この問題の一意性に関して言及しておこう．

定理 10.4

D を一般の領域とするとき，D 上で $\dfrac{\partial P}{\partial x} = \dfrac{\partial P}{\partial y} = 0$ となる C^1-級関数 P は定数関数しかない．

［証明］ すべての $(x, y) \in D$ に対して $P(x, y) = P(x_0, y_0)$ を示す．ただし，(x_0, y_0) を固定点とする．D は領域だから，C^1-級曲線 γ が存在して (x, y) と (x_0, y_0) が曲線 $\gamma = (\gamma^1, \gamma^2) : [a, b] \to D$ で結ばれる．偏微分が消えるという仮定から，

$$P(x,y) = P(\gamma(b)) - P(\gamma(a)) + P(x_0, y_0)$$
$$= \int_a^b \left(\frac{\partial P}{\partial x}(\gamma(t))\gamma_1'(t) + \frac{\partial P}{\partial y}(\gamma(t))\gamma_2'(t) \right) dt + P(x_0, y_0)$$
$$= P(x_0, y_0)$$

が得られる． □

領域の種類を変えて同じような問題を考察する．

円周には逆向きの向きを入れておくこととする．z 中心で，半径 r の円を $C(z,r)$ と書くことになっていたことを復習しておく．

命題 10.5　穴があいた平面内の領域での完全微分方程式

(1) 関係式 $\dfrac{\partial p}{\partial y} = \dfrac{\partial q}{\partial x}$ が成り立つ $\mathbb{R}^2 \setminus \{z\}$ 上の C^1-級関数 p, q に対して，

$$\frac{\partial f}{\partial x} = p, \quad \frac{\partial f}{\partial y} = q \tag{10.1}$$

となる C^2-級関数 f が存在するための必要十分条件はある $r > 0$ に対して，

$$\oint_{C(z,r)} p(x,y)\,dx + q(x,y)\,dy = 0$$

が成り立つことである．

(2) $z, w \in \mathbb{R}^2$ は相異なり，C^1-級関数 p, q は点 z, w を除いて定義されているとする．また，$\dfrac{\partial p}{\partial y} = \dfrac{\partial q}{\partial x}$ が成り立つと仮定する．このとき，

$$\frac{\partial f}{\partial x} = p, \quad \frac{\partial f}{\partial y} = q \tag{10.2}$$

となる C^2-級関数 f が存在するための必要十分条件は，ある正の数 $r \in (0, |z-w|)$ が存在して，

$$\oint_{C(z,r)} p(x,y)\,dx + q(x,y)\,dy$$
$$= \oint_{C(w,r)} p(x,y)\,dx + q(x,y)\,dy$$
$$= 0$$

が成り立つことである．

[証明] $O(0,0)$ を原点とする．半平面とは $y > ax+b$, $y < ax+b$, $x > b$, $x < b$ のどれかを表すことにする．例 1.33 によって，必要性は明らかである．与えられた線積分が 0 として，ω の完全性を示そう．

(1) 平行移動によって $z = 0$ としてよい．U_z を 3 つの半平面 $y < 2x, y < -2x, y > 0$ で分ける．これらをそれぞれ U_1, U_2, U_3 とおく．半平面上の 3 点を $P(0,1), Q(1,0), R(0,-1)$ として，P, Q, R, P の順番に回る向きが $C(O,1)$ に与えられているとする．U_1, U_2, U_3 は半平面であるから，第 10.1 節の結果から，半平面 U_i で $f_i \in C^\infty(U_i)$ が存在して

$$\frac{\partial f_i}{\partial x} = p, \quad \frac{\partial f_i}{\partial y} = q$$

を満たす．f_2, f_3 に定数を加えることで，別の f_2, f_3 に取り替えて，$U_1 \cap U_2$ 上では $f_1 = f_2$ で，$U_2 \cap U_3$ 上では $f_2 = f_3$ と仮定して構わない．すると，

$$0 = \oint_{C(z,r)} p(x,y)\,dx + q(x,y)\,dy$$
$$= f_1(Q) - f_1(P) + f_2(R) - f_2(Q) + f_3(R) - f_3(P)$$

となる．したがって，$f_1(P) = f_3(P)$ である．ここで，

$$\frac{\partial (f_1 - f_3)}{\partial x} = \frac{\partial (f_1 - f_3)}{\partial y} = 0$$

であるから，$U_1 \cap U_3$ 上では $f_1 - f_3$ は定数関数である．$f_1(P) = f_3(P)$ であるから，$f_1 = f_3$ が $U_1 \cap U_3$ 上で成り立つ．したがって，f という C^∞-級関数が存在して，$f|U_i = f_i, i = 1,2,3$ が成り立つ．この f が式（10.1）を満たす．

(2) z, w を分割する半平面 V_1, V_2 をとる．

$$z \in V_1,\ w \notin V_1,\ w \in V_2,\ z \notin V_2,\ V_1 \cup V_2 = \mathbb{R}^2$$

とする．すると，(1) と同じ論法で，$V_1 \setminus \{z\}$ 上で，
$$\frac{\partial f_1}{\partial x} = p, \quad \frac{\partial f_1}{\partial y} = q$$
と表されて，$V_2 \setminus \{w\}$ 上で，
$$\frac{\partial f_2}{\partial x} = p, \quad \frac{\partial f_2}{\partial y} = q$$
と表される．このとき，定数 C があって $V_1 \cap V_2$ 上 $f_1 = f_2 + c$ が得られる．したがって，f_2 にこの定数 c を足して取り替えることによって，$f \in C^\infty(\mathbb{R}^2 \setminus \{z, w\})$ が存在して，$f|V_i = f_i, i = 1, 2$ となる．よって，$\mathbb{R}^2 \setminus \{z, w\}$ 上で式 (10.2) が得られる． □

命題 10.6

$A \subset \mathbb{R}^2$ を連結閉集合とするとき，任意の A の点 (x_1, y_1) と (x_2, y_2) に対して，連立方程式

$$\frac{\partial f_0}{\partial x}(x, y) = \frac{y - y_1}{(x - x_1)^2 + (y - y_1)^2} - \frac{y - y_2}{(x - x_2)^2 + (y - y_2)^2}$$
$$\frac{\partial f_0}{\partial y}(x, y) = -\frac{x - x_1}{(x - x_1)^2 + (y - y_1)^2} + \frac{x - x_2}{(x - x_2)^2 + (y - y_2)^2}$$

の $\mathbb{R}^2 \setminus A$ における C^∞-級の解 f_0 が存在する．

[証明] $U = \mathbb{R}^2 \setminus A$ とおく．U が連結である場合を考えればよい．そうではない場合は，各連結成分で分けて考えればよいからである．U 上の区分的 C^∞-級曲線 γ に対して，A の上で定義されている関数 f を

$$F_\gamma(x, y) = \int_\gamma \frac{(X - x)\, dy - (Y - y)\, dx}{(X - x)^2 + (Y - y)^2}$$

で定める．γ が閉曲線ならば，命題 10.8 より $F_\gamma(x, y) \in 2\pi\mathbb{Z}$ であることがわかっている．A の連結性によって，ある $m_\gamma \in \mathbb{Z}$ が存在し

て，$F_\gamma(x,y) = 2\pi m_\gamma$ と表せる．したがって，(x_0, y_0) から (x,y) に至る区分的に C^1-級曲線 γ をとり，

$$f_0(x,y) = \int_\gamma \frac{(X-x_1)\,dy - (Y-y_1)\,dx}{(X-x_1)^2 + (Y-y_1)^2}$$
$$- \int_\gamma \frac{(X-x_2)\,dy - (Y-y_2)\,dx}{(X-x_2)^2 + (Y-y_2)^2}$$

と定めればよい． □

10.2 回転数

曲線がある点（とくに原点）を回る回数を考えるとき，ベクトル解析を用いると明快な計算公式が得られる．ここでは領域 $R\,(1)$, $R\,(2), R\,(3), R\,(4)$ をそれぞれ

$$R\,(1) = \{(x,y) \in \mathbb{R}^2 : x > 0\}, \quad R\,(2) = \{(x,y) \in \mathbb{R}^2 : y > 0\}$$
$$R\,(3) = \{(x,y) \in \mathbb{R}^2 : x < 0\}, \quad R\,(4) = \{(x,y) \in \mathbb{R}^2 : y < 0\}$$

で定める．まずは直感的な定義を与えておこう．

定義 10.7 回転数

写像 $\varphi_1 : R\,(1) \to \left(-\frac{\pi}{2}, \frac{\pi}{2}\right)$, $\quad \varphi_2 : R\,(2) \to (0, \pi)$
$\varphi_3 : R\,(3) \to \left(\frac{\pi}{2}, \frac{3\pi}{2}\right)$, $\quad \varphi_4 : R\,(4) \to (\pi, 2\pi)$

を偏角を与える関数とする．

$\gamma : [0,1] \to \mathbb{R}^2 \setminus \{0\}$ を連続曲線として，$[0,1]$ の分割 $0 = t_0 < t_1 < \cdots < t_n = 1$ で，各 $i = 1, 2, \ldots, n$ に対して，$j_i \in \{1, 2, 3, 4\}$ が存在して，$\gamma([t_{i-1}, t_i]) \subset R(j_i)$ が成り立つとす

る. γ の 0 周りの回転数 $w(\gamma, 0)$ を

$$w(\gamma, 0) = \sum_{j=1}^{n} \{\varphi_{j_i}(\gamma(t_i)) - \varphi_{j_i}(\gamma(t_{i-1}))\}$$

で定める.

このような長い定義もベクトル解析を用いると簡潔にまとめられる. $\tan^{-1}$ を, $x \in \left(-\dfrac{\pi}{2}, \dfrac{\pi}{2}\right) \mapsto \tan x \subset (-\infty, \infty)$ の逆関数とする.

命題 10.8

$\gamma : [0,1] \to U$ を C^∞-級曲線とする.

(1) $R(1) = \{x > 0\}$ 上の関数 φ を

$$\varphi(x, y) = \tan^{-1}\left(\frac{y}{x}\right) \quad (x, y) \in R(1)$$

で定めると, $(x, y) \in R(1)$ のとき

$$\frac{\partial \varphi}{\partial x}(x, y) = \frac{-y}{x^2 + y^2}, \quad \frac{\partial \varphi}{\partial y}(x, y) = \frac{x}{x^2 + y^2}$$

である. 特に, $R(1)$ 内の曲線 γ につき,

$$\oint_\gamma \frac{x\, dy - y\, dx}{x^2 + y^2} = \gamma(1) \text{ と } \gamma(0) \text{ の偏角の差}$$

となる.

(2) γ は閉曲線であるとすると,

$$\oint_\gamma \frac{x\, dy - y\, dx}{x^2 + y^2} = w(\gamma, 0) \in 2\pi\mathbb{Z}$$

である. つまり, $w(\gamma, 0) \div \pi$ は偶数である.

[証明]
(1) (1) は直接計算で証明できる．
(2) $\oint_\gamma \dfrac{x\,dy - y\,dx}{x^2 + y^2} = w(\gamma, 0)$ は (1) から明らかである．これが 2π の整数倍であることは

$$w(\gamma, 0) = \sum_{j=1}^{n}\{\varphi_{j_i}(\gamma(t_i)) - \varphi_{j_i}(\gamma(t_{i-1}))\}$$

の定義において，n に関する数学的帰納法から証明できる． □

これまでは原点中心の回転数を考察したが，一般の $(x_0, y_0) \in \mathbb{R}^2$ に対しては，曲線を平行移動して回転数などを定義することにする．

10.3　逆写像の公式

D_1 と D_2 を平面領域，$f : D_1 \to D_2$ を連続写像とする．f が D_1 から D_2 への同（位）相写像であるとは逆写像 $g : D_2 \to D_1$ が存在して，g も連続になることをいう．f, g が両方とも C^1-級のときには，f は D_1 から D_2 への C^1-級微分同相写像という．また，D_1 から D_2 への C^1-級微分同相写像 h の写像度とは，固定した P $\in D_1$ に対して，$\varepsilon > 0$ を $B(\mathrm{P}, 2\varepsilon) \subset D_1, B(h(\mathrm{P}), 2\varepsilon) \subset D_2$ となるようにとった時の曲線 $\mathrm{Q} \in C(0, \varepsilon) \mapsto h(\mathrm{P}+\mathrm{Q}) - h(\mathrm{P}) \in \mathbb{R}^2 \setminus \{0\}$ の回転数のことである．ストークスの定理によって，写像度は P, ε の取り方によらないで定まることに注意しよう．

ベクトル解析のさらなる応用として，逆写像の公式を与えることにする．

$$d\tan^{-1}\left(\frac{P(x,y)}{Q(x,y)}\right) = \frac{P_x(x,y)Q(x,y) - P(x,y)Q_x(x,y)}{P(x,y)^2 + Q(x,y)^2} dx$$
$$+ \frac{P_y(x,y)Q(x,y) - P(x,y)Q_y(x,y)}{P(x,y)^2 + Q(x,y)^2} dy$$

と略記して書くと長い公式がだいぶ短くなる．

$$dx \wedge d\tan^{-1}\left(\frac{P(x,y)}{Q(x,y)}\right)$$
$$= \frac{P_y(x,y)Q(x,y) - P(x,y)Q_y(x,y)}{P(x,y)^2 + Q(x,y)^2} dx\,dy$$
$$dy \wedge d\tan^{-1}\left(\frac{P(x,y)}{Q(x,y)}\right)$$
$$= -\frac{P_x(x,y)Q(x,y) - P(x,y)Q_x(x,y)}{P(x,y)^2 + Q(x,y)^2} dx\,dy$$

とおく．定理を記述する際には縦ベクトルを用いて表すと便利である．たとえば，

$$\begin{pmatrix} dx \\ dy \end{pmatrix} \wedge d\tan^{-1}\left(\frac{P(x,y)}{Q(x,y)}\right)$$

はこれらの量を縦にならべたものである．

定理 10.9

D_1, D_2 を $\mathbb{R}^2$ の開集合，$f = (f_1, f_2) : D_1 \to D_2$ を C^1-級の微分同相とする（したがって，$f^{-1} = ((f^{-1})_1, (f^{-1})_2)$ も C^1-級である）．$\Omega \subset D_1$ を $\overline{\Omega} \subset D_1$ となる C^1-級の境界をもつ領域とする．f の写像度を 1 と仮定する．このとき，$(y_1, y_2) \in f(\Omega)$ に対して，

$$\begin{pmatrix} (f^{-1})_1(y_1, y_2) \\ (f^{-1})_2(y_1, y_2) \end{pmatrix}$$

$$= \frac{1}{2\pi} \oint_{\partial\Omega} \begin{pmatrix} x_1 \\ x_2 \end{pmatrix} d\tan^{-1}\left(\frac{f_2(x_1, x_2) - y_2}{f_1(x_1, x_2) - y_1}\right)$$

$$- \frac{1}{2\pi} \iint_{\Omega} \begin{pmatrix} dx_1 \\ dx_2 \end{pmatrix} \wedge d\tan^{-1}\left(\frac{f_2(x_1, x_2) - y_2}{f_1(x_1, x_2) - y_1}\right)$$

が成り立つ．分割して書き表すならば，

$$(f^{-1})_1(y_1, y_2) = \frac{1}{2\pi} \oint_{\partial\Omega} x_1 d\tan^{-1}\left(\frac{f_2(x_1, x_2) - y_2}{f_1(x_1, x_2) - y_1}\right)$$
$$- \frac{1}{2\pi} \iint_{\Omega} dx_1 \wedge d\tan^{-1}\left(\frac{f_2(x_1, x_2) - y_2}{f_1(x_1, x_2) - y_1}\right)$$

$$(f^{-1})_2(y_1, y_2) = \frac{1}{2\pi} \oint_{\partial\Omega} x_2 d\tan^{-1}\left(\frac{f_2(x_1, x_2) - y_2}{f_1(x_1, x_2) - y_1}\right)$$
$$- \frac{1}{2\pi} \iint_{\Omega} dx_2 \wedge d\tan^{-1}\left(\frac{f_2(x_1, x_2) - y_2}{f_1(x_1, x_2) - y_1}\right)$$

となる．

[証明] $(y_1, y_2) \in f(\Omega)$ だから，$(X_1, X_2) \in \Omega$ を用いて，一意的に

$$y_1 = f_1(X_1, X_2), y_2 = f_2(X_1, X_2)$$

と表せる．$(X_1, X_2) \in \Omega$ となる領域 Ω に対して，

$$A_\Omega(X_1, X_2) = \frac{1}{2\pi} \oint_{\partial\Omega} \begin{pmatrix} x_1 \\ x_2 \end{pmatrix} d\tan^{-1}\left(\frac{f_2(x_1, x_2) - y_2}{f_1(x_1, x_2) - y_1}\right)$$
$$- \frac{1}{2\pi} \iint_{\Omega} \begin{pmatrix} dx_1 \\ dx_2 \end{pmatrix} \wedge d\tan^{-1}\left(\frac{f_2(x_1, x_2) - y_2}{f_1(x_1, x_2) - y_1}\right)$$

と定めて，$A_\Omega(X_1, X_2) = \begin{pmatrix} X_1 \\ X_2 \end{pmatrix}$ を示そう．

ストークスの定理（定理 5.3）によって，$\varepsilon > 0$ が十分小さいときに，

$$A_\Omega(X_1, X_2) = \frac{1}{2\pi} \oint_{\partial B((X_1,X_2),\varepsilon)} \begin{pmatrix} x_1 \\ x_2 \end{pmatrix} d\tan^{-1}\left(\frac{f_2(x_1,x_2) - y_2}{f_1(x_1,x_2) - y_1}\right)$$

$$- \frac{1}{2\pi} \iint_{B((X_1,X_2),\varepsilon)} \begin{pmatrix} dx_1 \\ dx_2 \end{pmatrix} \wedge d\tan^{-1}\left(\frac{f_2(x_1,x_2) - y_2}{f_1(x_1,x_2) - y_1}\right)$$

と表される．第二項の面積分を

$$\iint_{B((X_1,X_2),\varepsilon)} \begin{pmatrix} F_1(x_1,x_2) \\ F_2(x_1,x_2) \end{pmatrix} dx_1 dx_2$$

と表すとき，$|F_1(x_1,x_2)| + |F_2(x_1,x_2)| \leq \dfrac{M}{\sqrt{(x_1 - X_1)^2 + (x_2 - X_2)^2}}$
と表される．よって

$$\lim_{\varepsilon \downarrow 0} \iint_{B((X_1,X_2),\varepsilon)} \begin{pmatrix} dx_1 \\ dx_2 \end{pmatrix} \wedge d\tan^{-1}\left(\frac{f_2(x_1,x_2) - y_2}{f_1(x_1,x_2) - y_1}\right) = \begin{pmatrix} 0 \\ 0 \end{pmatrix}$$

となる．また，同様な理由で，

$$\lim_{\varepsilon \downarrow 0} \oint_{\partial B((X_1,X_2),\varepsilon)} \begin{pmatrix} x_1 - X_1 \\ x_2 - X_2 \end{pmatrix} d\tan^{-1}\left(\frac{f_2(x_1,x_2) - y_2}{f_1(x_1,x_2) - y_1}\right) = \begin{pmatrix} 0 \\ 0 \end{pmatrix}$$

となる．よって，

$$A_\Omega(X_1, X_2)$$
$$= \lim_{\varepsilon \downarrow 0} \frac{1}{2\pi} \oint_{\partial B((X_1,X_2),\varepsilon)} \begin{pmatrix} X_1 \\ X_2 \end{pmatrix} d\tan^{-1}\left(\frac{f_2(x_1,x_2) - y_2}{f_1(x_1,x_2) - y_1}\right)$$

となる．f の写像度が 1 であるから，$A_\Omega(X_1, X_2) = \begin{pmatrix} X_1 \\ X_2 \end{pmatrix}$ が得られる．　　□

なお，定理 10.9 は次の文献から出典した．
L.P.Castro, K.Murata, S.Saitoh and M.Yamada, "Explicit integral representations of implicit functions", Carpathian Journal of Math., Vol.29(2)(2013), pp.141-148.

第11章

ジョルダンの曲線定理

　ベクトル解析は完全形微分方程式の解の性質を詳論することができる強力な武器であることがわかったが，平面内の連続曲線が平面をどのように分割するかという問いにも，ベクトル解析が重要な役割を果たす．
　本書の結びとして，その壮大な理論を追って行ってみよう．

ジョルダン（Marie Ennemond Camille Jordan, 1838-1922）

11.1 ジョルダンの曲線定理

ベクトル解析の応用として次の定理を示す.

定理 11.1 **ジョルダンの曲線定理**
$\gamma : [0,1] \to \mathbb{R}^2$ を $\gamma(s) = \gamma(t), 0 \leq s < t \leq 1 \Rightarrow s = 0, t = 1$ となるような連続閉曲線とするとき, $\mathbb{R}^2 \setminus \gamma([0,1])$ は 2 つの交わらない領域の和として表せる.

ここで, 領域とは弧状連結な開集合である. 定理の一番具体的な例としては次のようなものが挙げられる. また, 定理 11.1 の曲線を単純閉曲線という.

例 11.2
$\gamma(t) = (\cos 2\pi t, \sin 2\pi t), 0 \leq t \leq 1$ とすると, γ は $x^2 + y^2 < 1$ と $x^2 + y^2 > 1$ とに分割する.

連続写像は一般に具体形が得られないために, 実際にこのような領域の分割がされているかは不明である. この定理を記述するのにベクトル解析は不要であるが, 抽象的な連続写像を扱う際にベクトル解析が強力な武器となる.

証明の方針としては, γ を前半と後半に分けて考えることである. つまり, $\mathbb{R}^2 \setminus \gamma([0,1])$ は $\mathbb{R}^2 \setminus \gamma\left(\left[0, \frac{1}{2}\right]\right)$ と $\mathbb{R}^2 \setminus \gamma\left(\left[\frac{1}{2}, 1\right]\right)$ の共通部分と考えて, $\mathbb{R}^2 \setminus \gamma\left(\left[0, \frac{1}{2}\right]\right), \mathbb{R}^2 \setminus \gamma\left(\left[\frac{1}{2}, 1\right]\right)$ について何がいえるかを考察して, (定理 11.14) その後に $\mathbb{R}^2 \setminus \gamma([0,1])$ についての性質を証明するのである. 証明の際には関数は C^∞-級のものを考えることが多いために, 断りがない限り, C^∞-級と仮定

する．ただし，γ そのものは連続としか仮定しない．

命題 10.5 を言い換えておこう．

命題 11.3

次のことが成り立つ．

(1) $(x_0, y_0) \in \mathbb{R}^2$ とする．(p, q) を $\mathbb{R}^2 \setminus \{(x_0, y_0)\}$ 上で定義されている C^∞-級関数の対として，$\dfrac{\partial p}{\partial y} = \dfrac{\partial q}{\partial x}$ を満たしているとすると，ある $\mathbb{R}^2 \setminus \{(x_0, y_0)\}$ 上で定義された C^∞-級関数 f と実定数 a が存在して，

$$p(x,y) = \frac{\partial f}{\partial x}(x,y) - \frac{a(y - y_0)}{(x - x_0)^2 + (y - y_0)^2}$$
$$q(x,y) = \frac{\partial f}{\partial y}(x,y) + \frac{a(x - x_0)}{(x - x_0)^2 + (y - y_0)^2}$$

と表すことができる．

(2) $(x_1, y_1), (x_2, y_2) \in \mathbb{R}^2$ を互いに異なる 2 点とする．(p, q) を $\mathbb{R}^2 \setminus \{(x_1, y_1), (x_2, y_2)\}$ 上で定義されている C^∞-級関数の対として，$\dfrac{\partial p}{\partial y} = \dfrac{\partial q}{\partial x}$ を満たしているとすると，ある $(x_1, y_1), (x_2, y_2)$ を除いて定義された C^∞-級関数 f と実定数 a, b が存在して，

$$p(x,y) = \frac{\partial f}{\partial x}(x,y) - \frac{a(y - y_1)}{(r - x_1)^2 + (y - y_1)^2}$$
$$\quad - \frac{b(y - y_2)}{(x - x_2)^2 + (y - y_2)^2}$$
$$q(x,y) = \frac{\partial f}{\partial y}(x,y) + \frac{a(x - x_1)}{(x - x_1)^2 + (y - y_1)^2}$$
$$\quad + \frac{b(x - x_2)}{(x - x_2)^2 + (y - y_2)^2}$$

と表すことができる．

11.2 局所定数関数

開集合 D が与えられたときに，D がいくつの領域に分割されるかを数える方法を考える．微分方程式

$$\frac{\partial U}{\partial x}(x,y) = \frac{\partial U}{\partial y}(x,y) = 0 \tag{11.1}$$

を解くと，D が連結であれば U は定数関数となることから，一般の開集合がいくつの領域からなるかは，この連立微分方程式の解空間の次元を調べればよいことになる．

定義 11.4　局所定数関数

一般の開集合 D に対して，連立方程式（11.1）の解 U を D 上の局所定数関数という．

例 11.5

$D = \{x^2 + y^2 < 1\} \cup \{x^2 + y^2 > 1\}$ とすると，次の関数 f は局所定数関数である．

$$f(x,y) = \begin{cases} 1 & (x^2 + y^2 < 1 \text{ のとき}) \\ 0 & (x^2 + y^2 > 1 \text{ のとき}) \end{cases}$$

$$= \chi_{\{x^2+y^2<1\}}(x,y)$$

線形空間としての局所定数関数全体のなす空間が重要であるので，定義として明記しておこう．

定義 11.6　$H^0(D)$

$D \subset \mathbb{R}^2$ を開集合とするとき，$H^0(D)$ を D 上の局所定数関数全体のなす線形空間を表す．

例 11.7

$U = (0,1) \times (0,1) \cup (2,3) \times (0,1)$ とする．$f = \chi_{(0,1)^2}$ は局所定数関数である．したがって，$f \in H^0(U)$ である．

11.3 C_c^∞-級写像

次の関数 φ は C^∞-級関数である．つまり，何回でも微分可能である．

$$\varphi(t) = \begin{cases} e^{-\frac{1}{t}} & (t > 0 \text{ のとき}) \\ 0 & (t \leq 0 \text{ のとき}) \end{cases}$$

したがって，

$$\Phi(x,y) = \frac{\varphi(1 - x^2 - y^2)}{\varphi(1 - x^2 - y^2) + \varphi(x^2 + y^2)}$$

は $B((0,0),1)$ で正の値をとり，$B((0,0),1)$ の外で 0 となる全平面で定義された C^∞-級関数である．一般に $\{F \neq 0\}$ が有界な C^∞-級写像 F を C_c^∞-級写像という．

一方で，開集合 U が与えられると，$k = 1, 2, \ldots$ に対して

$$U_k = \{(x,y) \in U : \sqrt{x^2 + y^2} \leq k,\ B((x,y), k^{-1}) \subset U\}$$

は $\text{Int}(U_{k+1}) \supset U_k$ を満たしながら，U に増大して収束するコンパクト集合の列である．したがって，$U_k \setminus \text{Int}(U_{k-1})$ を $\text{Int}(U_{k+1}) \setminus U_{k-2}$ に含まれる有限個の閉球で覆うことができる．Φ を平行移動と縮尺することで次の命題がわかる．

命題 11.8

開集合 $U \subset \mathbb{R}^2$ に対して，$\mathbb{R}^2$ 上定義された $[0,1]$ に値をとる C^∞-級関数 Ψ_U で，$U = \{\mathrm{P} \in \mathbb{R}^2 : \Psi_U(\mathrm{P}) > 0\}$ を満たすものが存在する．

次に開集合 U と V が与えられたとする．$k = 1, 2, \ldots$ に対して
$$W_k = \{(x,y) \in U \cup V : \sqrt{x^2+y^2} \leq k, B((x,y), k^{-1}) \subset U \cup V\}$$
とおく．$W_k \setminus \mathrm{Int}(W_{k-1})$ を $U \cap \mathrm{Int}(W_{k+1}) \setminus W_{k-2}$ または $V \cap \mathrm{Int}(W_{k+1}) \setminus W_{k-2}$ に含まれる有限個の閉球で覆うことができる．A をそのような球で，$U \cap \mathrm{Int}(W_{k+1}) \setminus W_{k-2}$ に含まれるもの，A' をさきほどの球で A には属さないものとする．Φ_U, Φ_V をそれぞれ A, A' を用いて命題 11.8 と同じように定める．$(x,y) \in U \cup V$ のとき，
$$\eta_U(x,y) = \frac{\Psi_U(x,y)}{\Psi_U(x,y) + \Psi_V(x,y)}, \quad \eta_V(x,y) = 1 - \eta_U(x,y)$$
とおくことで，次の命題が得られる．

命題 11.9　U と V に付随する 1 の分割

与えられた開集合 U と V に対して，$U \cup V$ 上の C^∞-級関数 η_U, η_V で，$\eta_U + \eta_V = 1$ と $\eta_U(x,y) = 0, (x,y) \in V \setminus U$，$\eta_V(x,y) = 0, (x,y) \in U \setminus V$ を満たしているものが存在する．

さらに $V \cap \partial U$ の各点 P に対して，$r_\mathrm{P} > 0$ が存在して，$B(\mathrm{P}, r_\mathrm{P})$ 上 $\eta_U(x,y) = 0$，$U \cap \partial V$ の各点 Q に対して，$r_\mathrm{Q} > 0$ が存在して，$B(\mathrm{Q}, r_\mathrm{Q})$ 上 $\eta_V(x,y) = 0$ となるように η_U, η_V を調整できる．

11.4 双対鎖写像

$U \cap V$ 上の局所定数関数 f が与えられると,命題 11.9 の η_U, η_V を用いて,$f\eta_U$ を $V \setminus U$ 上では 0 であると考えて,$f \in C^\infty(V)$ が得られる.同様に $f\eta_V$ も $C^\infty(U)$-関数とみなすことができる.

定義 11.10　連結準同型

U と V を $\mathbb{R}^2$ における開集合とする.$f \in H^0(U \cap V)$ に対して,関数の対 $(K(f), L(f))$ を

$$(K(f), L(f)) = \begin{cases} \left(\dfrac{\partial (f\eta_V)}{\partial x}, \dfrac{\partial (f\eta_V)}{\partial y} \right) & (U \text{ 上で}) \\ -\left(\dfrac{\partial (f\eta_U)}{\partial x}, \dfrac{\partial (f\eta_U)}{\partial y} \right) & (V \text{ 上で}) \end{cases}$$

と定める.

$U \cap V$ に共通部分がある以上,$U \cap V$ では

$$\left(\frac{\partial (f\eta_V)}{\partial x}, \frac{\partial (f\eta_V)}{\partial y} \right) = -\left(\frac{\partial (f\eta_U)}{\partial x}, \frac{\partial (f\eta_U)}{\partial y} \right)$$

でないといけない.しかし,f が局所定数関数であることと,$U \cup V$ 上で $\eta_U + \eta_V = 1$ であることから,

$$\frac{\partial (f\eta_V)}{\partial x} + \frac{\partial (f\eta_U)}{\partial x} = \frac{\partial f}{\partial x} = 0,$$
$$\frac{\partial (f\eta_V)}{\partial y} + \frac{\partial (f\eta_U)}{\partial y} = \frac{\partial f}{\partial y} = 0$$

である.したがって,$(K(f), L(f))$ の定義が整合しているといえる.

第 11 章 ジョルダンの曲線定理

命題 11.11 **双対鎖写像の完全性**

U と V を $\mathbb{R}^2$ における開集合とする.

(1) $f \in H^0(U \cap V)$ とする. $g \in C^\infty(U \cup V)$ が存在して, $(K(f), L(f)) = \left(\dfrac{\partial g}{\partial x}, \dfrac{\partial g}{\partial y} \right)$ が成り立つためには $f_1 \in H^0(U), f_2 \in H^0(V)$ が存在して, $U \cap V$ 上 $f = f_1 - f_2$ と表されることが必要十分である.

(2) $U \cup V$ 上の関数の対 (g_1, g_2) に対して, $f \in H^0(U \cap V)$ と $h \in C^\infty(U \cup V)$ を用いて

$$(g_1, g_2) = (K(f), L(f)) + \left(\frac{\partial h}{\partial x}, \frac{\partial h}{\partial y} \right)$$

と表されるためには, $F_U \in C^\infty(U)$, $F_V \in C^\infty(V)$ が存在して, U 上では $g_1 = \dfrac{\partial F_U}{\partial x}$, $g_2 = \dfrac{\partial F_U}{\partial y}$ が, V 上では $g_1 = \dfrac{\partial F_V}{\partial x}, g_2 = \dfrac{\partial F_V}{\partial y}$ が成り立つことが必要十分である.

[証明]

(1) $(K(f), L(f)) = \left(\dfrac{\partial g}{\partial x}, \dfrac{\partial g}{\partial y} \right)$ となる $g \in C^\infty(U \cup V)$ が存在するとすると,

$$\frac{\partial(f\eta_V - g)}{\partial x} = 0, \quad \frac{\partial(f\eta_V - g)}{\partial y} = 0 \quad (U \text{ 上で}),$$
$$\frac{\partial(f\eta_U + g)}{\partial x} = 0, \quad \frac{\partial(f\eta_U + g)}{\partial y} = 0 \quad (V \text{ 上で})$$

となるので, $f\eta_V - g$ と $f\eta_U + g$ は局所定数関数である. よって, $f_1 = f\eta_V - g, f_2 = -f\eta_U - g$ とおけば, これらは $f = f_1 - f_2$ を満たす局所定数関数である.

逆に, U, V 上の局所定数関数 f_1, f_2 による $f = f_1 - f_2$ なる表示をもっていたとすると, 関数 g を次の要領で定義できる. U 上では $g = f\eta_V - f_1$, V 上では $g = -f\eta_U - f_2$ と定める. これらは $U \cap V$ で両立している. f_1, f_2 が局所定数関数であることか

ら，$(K(f), L(f)) = \left(\dfrac{\partial g}{\partial x}, \dfrac{\partial g}{\partial y}\right)$ も得られる．

(2) $F_U \in C^\infty(U)$ と $F_V \in C^\infty(V)$ が存在して，U 上では $g_1 = \dfrac{\partial F_U}{\partial x}$, $g_2 = \dfrac{\partial F_U}{\partial y}$ が，V 上では $g_1 = \dfrac{\partial F_V}{\partial x}$, $g_2 = \dfrac{\partial F_V}{\partial y}$ が成り立つとする．$U \cap V$ では，

$$\frac{\partial F_U}{\partial x} - \frac{\partial F_V}{\partial x} = \frac{\partial F_U}{\partial y} - \frac{\partial F_V}{\partial y} = 0$$

であるから，局所定数関数 f を用いて，$F_U = F_V + f$ と表せる．

$$\begin{aligned}
&(g_1, g_2) - (K(f), L(f)) \\
&= \begin{cases} (g_1, g_2) - \left(\dfrac{\partial (f\eta_V)}{\partial x}, \dfrac{\partial (f\eta_V)}{\partial y}\right) & (U \text{ 上で}) \\ (g_1, g_2) + \left(\dfrac{\partial (f\eta_U)}{\partial x}, \dfrac{\partial (f\eta_U)}{\partial y}\right) & (V \text{ 上で}) \end{cases} \\
&= \begin{cases} \left(\dfrac{\partial (F_U - f\eta_V)}{\partial x}, \dfrac{\partial (F_U - f\eta_V)}{\partial y}\right) & (U \text{ 上で}) \\ \left(\dfrac{\partial (F_V + f\eta_U)}{\partial x}, \dfrac{\partial (F_V + f\eta_U)}{\partial y}\right) & (V \text{ 上で}) \end{cases}
\end{aligned}$$

より，$U \cup V$ 上の C^∞-級関数 h を

$$h = \begin{cases} F_U - f\eta_V & U \text{ 上で} \\ F_V + f\eta_U & V \text{ 上で} \end{cases}$$

と定めると，$(g_1, g_2) = (K(f), L(f)) + \left(\dfrac{\partial h}{\partial x}, \dfrac{\partial h}{\partial y}\right)$ となる．□

ジョルダンの曲線定理の証明の直前まで来ているが，証明の前に，若干の用語を用意しておく．閉区間 $[a, b] \subset [0, 1]$ が与えられたとき，$[a, b]$ を 2 等分して得られる 2 つの閉区間を $[a, b]$ の子供ということにする．$O = (0, 0)$ を原点とする．

補題 11.12 $K(f), L(f)$ の性質

一般に $g: [0, 1] \to \mathbb{R}^2$ を連続写像とする．$A = \gamma\left(\left[0, \dfrac{1}{2}\right]\right)$,

$B = \gamma\left(\left[\frac{1}{2}, 1\right]\right)$ とする. さらに, $C(O, R)$ が $\gamma([0,1])$ を囲むとする. このとき, $U \cap V$ 上の局所定数関数 f に対して,
$$\oint_{C(O,R)} (K(f)dx + L(f)dy) = 0 \text{ である}.$$

[証明] $U = \mathbb{R}^2 \setminus A, V = \mathbb{R}^2 \setminus B$ とおく. $C(O, R)$ を C_1, C_2 に分けて, C_1 は U 上に, C_2 は V 上にそれぞれ含まれるようにする. C_1 の始点 P から終点 Q とすると, C_2 の始点は Q で終点は P である. このように, P と Q を定めると,

$$\begin{aligned}
&\int_{C(O,R)} (K(f)dx + L(f)dy) \\
&= \int_{C_1} \frac{\partial(f\eta_V)}{\partial x} dx + \int_{C_1} \frac{\partial(f\eta_V)}{\partial y} dy \\
&\quad - \int_{C_2} \frac{\partial(f\eta_U)}{\partial x} dx - \int_{C_2} \frac{\partial(f\eta_U)}{\partial y} dy \\
&= f(Q)\eta_V(Q) - f(P)\eta_V(P) - f(P)\eta_U(P) + f(Q)\eta_V(Q) \\
&= f(Q) - f(P) = 0
\end{aligned}$$

である. □

命題 11.3 と補題 11.12 より次のことがわかる.

補題 11.13

一般に $g : [a, b] \to \mathbb{R}^2$ を連続な単射とするとき, 区間 $[a, b]$ とその子供 $[a, c], [c, b]$ が与えられたとする. $A = g([a, c]), B = g([c, b])$ とする. $U = \mathbb{R}^2 \setminus A, V = \mathbb{R}^2 \setminus B$ とおくとき, 定義 11.10 の連結準同型による像は適当な $f \in C^\infty(U \cup V)$ を用いて $\left(\dfrac{\partial f}{\partial x}, \dfrac{\partial f}{\partial y}\right)$ と表せる.

11.5 ジョルダンの曲線定理の証明

最終的な目的は $H^0(U \cup V)$ の次元が 2 であることを示すことである.

定理 11.14 ジョルダンの曲線定理の証明の鍵

$g:[0,1] \to \mathbb{R}^2$ が連続な単射ならば, $Y = \mathbb{R}^2 \setminus g([0,1])$ は連結である.

[証明] 補題 11.13 の記号を用いることにする. $[c,d]$ が $[a,b]$ の子供のとき, $g([c,d])$ は $g([a,b])$ の子供であるということにする. $U = \mathbb{R}^2 \setminus g\left(\left[0, \frac{1}{2}\right]\right)$, $V = \mathbb{R}^2 \setminus g\left(\left[\frac{1}{2}, 1\right]\right)$ とする. 以下, $U \cap V = \mathbb{R}^2 \setminus Y$ は不連結であると仮定する. すると, 互いに交わらない開集合 W_1, W_2 と点 $z_1 \in W_1, z_2 \in W_2$ が存在して, $W_1 \cup W_2 = U \cap V$ が成り立つ.

仮に, z_1, z_2 が U 内および V 内では連続曲線で結ぶことができると仮定する. $f = \chi_{W_2}$ と定める. 補題 11.13 より $(K(f), L(f))$ が $\left(\frac{\partial h}{\partial x}, \frac{\partial h}{\partial y}\right)$ と表せるから, $f = f_1 - f_2$ となる U, V 上の局所定数関数 f, g が存在する. z_1, z_2 が U 内の曲線で結べるから, $f_1(z_1) = f_1(z_2)$ となる. 同様に z_1, z_2 が V 内の曲線で結べるから, $f_1(z_1) = f_2(z_2)$ となる. よって, $f(z_1) = f(z_2)$ となり, 矛盾が起きる. 以上より, U, V どちらかでは内部の連続曲線で z_1, z_2 は結べない.

以下, 子供を順次たどると, $j = 1, 2, \ldots$ に対して $[0,1]$ 上の長さ 2^{-j} の区間 I_j で, $Y \setminus g(I_j)$ 内の曲線では z_1, z_2 が結べないようなものが存在する. 区間縮小法と g の単射性より, $g(I_j)$ はただ 1 点 z' を共有する. しかし, $U \cup V \setminus \{z'\} = \mathbb{R}^2 \setminus \left\{\frac{g}{2}, z'\right\}$ だから, z_1, z_2 は $U \cup V \setminus \{z'\}$ 内の連続曲線で結べる. g の連続性から, j が大きいと $Y \setminus g(I_j)$ と連続曲線は互いに交わりを持たない. これは $Y \setminus g(I_j)$ 内で, z_1, z_2 が連続曲線で結べたことになるので, 矛盾である. □

それでは定理 11.14 の記号を用いてジョルダンの曲線定理の証明をしよう．

[証明] $U = \mathbb{R}^2 \setminus \gamma\left(\left[0, \frac{1}{2}\right]\right)$, $V = \mathbb{R}^2 - \gamma\left(\left[\frac{1}{2}, 1\right]\right)$ とおく．定理 11.14 から，

$$H^0(U) = \mathbb{R}, H^0(V) = \mathbb{R} \tag{11.2}$$

である．

$\gamma(0) = (x_0, y_0), \gamma\left(\frac{1}{2}\right) = (x_1, y_1)$ とおく．命題 10.6 より，U 上の C^∞-級関数 g_U と V 上の C^∞-級関数 g_V が存在して，U 上では，

$$\left(\frac{y_0 - y}{(x - x_0)^2 + (y - y_0)^2}, \frac{x - x_0}{(x - x_0)^2 + (y - y_0)^2}\right)$$
$$- \left(\frac{y_1 - y}{(x - x_1)^2 + (y - y_1)^2}, \frac{x - x_1}{(x - x_1)^2 + (y - y_1)^2}\right)$$
$$= \left(\frac{\partial g_U}{\partial x}(x, y), \frac{\partial g_U}{\partial y}(x, y)\right)$$

となり，V 上では，

$$\left(\frac{y_0 - y}{(x - x_0)^2 + (y - y_0)^2}, \frac{x - x_0}{(x - x_0)^2 + (y - y_0)^2}\right)$$
$$- \left(\frac{y_1 - y}{(x - x_1)^2 + (y - y_1)^2}, \frac{x - x_1}{(x - x_1)^2 + (y - y_1)^2}\right)$$
$$= \left(\frac{\partial g_V}{\partial x}(x, y), \frac{\partial g_V}{\partial y}(x, y)\right)$$

となるから，命題 11.11 (2) より $f_0 \in H^0(U \cap V)$ と $g_0 \in C^\infty(U \cup V)$ を用いた

$$\left(\frac{y_0-y}{(x-x_0)^2+(y-y_0)^2}, \frac{x-x_0}{(x-x_0)^2+(y-y_0)^2}\right)$$
$$-\left(\frac{y_1-y}{(x-x_1)^2+(y-y_1)^2}, \frac{x-x_1}{(x-x_1)^2+(y-y_1)^2}\right)$$
$$=(K(f_0)(x,y), L(f_0)(x,y))+\left(\frac{\partial g_0}{\partial x}(x,y), \frac{\partial g_0}{\partial y}(x,y)\right)$$

なる分解ができる.$(x-x_0)^2+(y-y_0)^2=\frac{1}{4}(x_1-x_0)^2+\frac{1}{4}(y_1-y_0)^2$ で両辺を線積分することで,f_0 は非定数関数となることがわかる.

以上のことを踏まえて,$f\in H^0(U\cap V)$ を任意に取る.

$K(f), L(f)$ につき,

$$a\left(\frac{y_0-y}{(x-x_0)^2+(y-y_0)^2}, \frac{x-x_0}{(x-x_0)^2+(y-y_0)^2}\right)$$
$$-b\left(\frac{y_1-y}{(x-x_1)^2+(y-y_1)^2}, \frac{x-x_1}{(x-x_1)^2+(y-y_1)^2}\right)$$
$$=(K(f)(x,y), L(f)(x,y))+\left(\frac{\partial g}{\partial x}(x,y), \frac{\partial g}{\partial y}(x,y)\right)$$

なる分解ができたとすると,$\gamma([0,1])$ を囲む $C(O,R)$ 上で,この等式を積分することで,$a=b$ が得られる.局所定数関数 f_0 を

$$(K(f_0)(x,y), L(f_0)(x,y))$$
$$=\left(\frac{y_0-y}{(x-x_0)^2+(y-y_0)^2}, \frac{x-x_0}{(x-x_0)^2+(y-y_0)^2}\right)$$
$$-\left(\frac{y_1-y}{(x-x_1)^2+(y-y_1)^2}, \frac{x-x_1}{(x-x_1)^2+(y-y_1)^2}\right)$$
$$-\left(\frac{\partial g_0}{\partial x}(x,y), \frac{\partial g_0}{\partial y}(x,y)\right)$$

となるようにとれているので,

$$(K(f-af_0)(x,y), L(f-af_0)(x,y))=-\left(\frac{\partial g}{\partial x}+a\frac{\partial g_0}{\partial x}, \frac{\partial g}{\partial y}+a\frac{\partial g_0}{\partial y}\right)$$

が成り立つ.したがって,式 (11.2) と命題 11.11 (1) から $f-af_0$

$= B$ となる定数 B がある．$a, B \in \mathbb{R}$ は自由に選べるので，$H^0(U \cap V)$ は 2 次元となる．よって，$U \cap V$ は 2 つの領域からなる． □

問題の解答

問題 1.1
(1) -1 (2) $6 - \log 2$ (3) 1 (4) 2π

問題 1.2
$\displaystyle\int_0^1 \left(\int_{x^2}^1 \frac{e^y}{\sqrt{y}}\, dy \right) dx$ の積分領域は
$$D = \{(x,y) \in \mathbb{R}^2 : 0 \leq x \leq 1,\, x^2 \leq y \leq 1\}$$
である．y は範囲 $0 \leq y \leq 1$ を動くので，D を
$$D = \{(x,y) \in \mathbb{R}^2 : 0 \leq x \leq 1,\, x^2 \leq y \leq 1,\, 0 \leq y \leq 1\}$$
と書いてもよい．情報が重複する部分があるので，D を
$$D = \{(x,y) \in \mathbb{R}^2 : 0 \leq x \leq 1,\, x^2 \leq y,\, 0 \leq y \leq 1\}$$
と簡略化する．$x, y \geq 0$ で考える限り，$x^2 \leq y$ は $x \leq \sqrt{y}$ と同値であるから，
$$D = \{(x,y) \in \mathbb{R}^2 : 0 \leq x \leq 1,\, x \leq \sqrt{y},\, 0 \leq y \leq 1\}$$
となる．この式に書き換えてから，重複する情報を除いて
$$\{(x,y) \in \mathbb{R}^2 : 0 \leq x \leq \sqrt{y},\, 0 \leq y \leq 1\}$$
と変形すると，$\displaystyle\int_0^1 \left(\int_{x^2}^1 \frac{e^y}{\sqrt{y}}\, dy \right) dx = \int_0^1 \left(\int_0^{\sqrt{y}} \frac{e^y}{\sqrt{y}}\, dx \right) dy$ である．x に関して積分してから，y に関して積分すると，
$$\int_0^1 \left(\int_{x^2}^1 \frac{e^y}{\sqrt{y}}\, dy \right) dx = \int_0^1 e^y\, dy = e - 1$$
となる．

問題 1.3

初めに，変数変換 $x = -X, y = Y$ をして，
$$I = \iint_{X^2+Y^2 \leq 4X} X \, dX \, dY = \iint_{x^2+y^2 \leq 4x} x \, dx \, dy$$
となる．次に極座標変換をして，
$$I = \int_{\pi/2}^{3\pi/2} \left(\int_0^{4\cos\theta} r^2 \cos\theta \, dr \right) d\theta = \frac{64}{3} \int_{-\pi/2}^{\pi/2} \cos^4 \theta \, d\theta = 8\pi$$
となる．但し，極座標を介さず次のようにしてもよい．
$$I = -\int_{-4}^{0} \left(\int_{-\sqrt{-x^2-4x}}^{\sqrt{-x^2-4x}} x \, dy \right) dx = -2 \int_{-4}^{0} x\sqrt{-x^2-4x} \, dx$$
として，対称性から，$I = 4 \int_{-4}^{0} \sqrt{-x^2-4x} \, dx = 8\pi$ となる．

【注意】 問題の領域は円であるが，極座標に変換するときに，それを内包している扇形を求めても何もならない．たとえば，$x^2 + y^2 \leq -2x$ の領域を $0 \leq r \leq 2, \frac{1}{2}\pi \leq \theta \leq \frac{3}{2}\pi$ と変換しても極座標変換では有効ではない．

問題 2.1

$\vec{a} \times \vec{b} = (2,1,2) \times (3,7,9) = (-5,-12,11), S = \dfrac{\sqrt{290}}{2}, \Pi : -5x - 12y + 11z = 0$

問題 2.2

(a) 3, (b) $\dfrac{\sqrt{21}}{14}$, (c) $\begin{pmatrix} 5 \\ -1 \\ 7 \end{pmatrix}$, (d) $\vec{\mathbf{v}} = \dfrac{1}{5\sqrt{3}} \begin{pmatrix} 5 \\ -1 \\ 7 \end{pmatrix}$ または $\vec{\mathbf{v}} = -\dfrac{1}{5\sqrt{3}} \begin{pmatrix} 5 \\ -1 \\ 7 \end{pmatrix}$,
(e) $S = 5\sqrt{3}$, (f) $V = 20$

問題 2.3

$\displaystyle \int_0^1 \{(e^t + t^2)2t + t^2\} \, dt = \dfrac{17}{6}$

問題 2.4

(a) $z = \dfrac{1}{2}(x^2 + y^2)$. (b) 正射影して得られる図形は半径 $\dfrac{1}{2}$，中心角 2π の扇形である．(c) $A(x,y) = \sqrt{1 + x^2 + y^2}$ である．(d) 初めに積分を x, y の式で表すと，
$$I = \iint_{x^2+y^2 \leq 1/4} z\sqrt{1 + x^2 + y^2} \, dx \, dy$$
$$= \frac{1}{2} \iint_{x^2+y^2 \leq 1/4} (x^2 + y^2)\sqrt{1 + x^2 + y^2} \, dx \, dy$$

である．次に極座標変換をすると，$I = \pi \int_0^{1/2} r^3\sqrt{1+r^2}\,dr$ である．ゆえに，$r^2 \to r$ の変数変換をして $I = \dfrac{\pi}{2}\int_0^{1/4} r\sqrt{1+r}\,dr = \dfrac{64-25\sqrt{5}}{480}\pi$ となる．

問題 2.5

(1) $I = 4\pi \displaystyle\int_0^1 r^3\,dr = \pi$

(2) $D : x^2+y^2 \leq a^2$, $x = r\cos\theta, y = r\sin\theta$, $E : 0 \leq r \leq a, 0 \leq \theta \leq 2\pi$ とおくと, $z_x = 2x, z_y = 2y$ であるから,
$$\sigma = \iint_D \sqrt{1+z_x^2+z_y^2}\,dxdy = \iint_D \sqrt{1+4x^2+4y^2}\,dxdy$$
$$= \iint_E \sqrt{1+4r^2}\,rdrd\theta = \int_0^a \int_0^{2\pi} r\sqrt{1+4r^2}\,d\theta dr$$
$$= \int_0^a 2\pi r\sqrt{1+4r^2}\,dr = \frac{\pi}{6}((1+4a^2)\sqrt{1+4a^2}-1).$$

問題 2.6

$x = -\dfrac{1}{3}y - \dfrac{1}{2}z + 1$ と平面の方程式が変形される．したがって S は，$\left(-\dfrac{1}{3}s - \dfrac{1}{2}t + 1, s, t\right)$ とパラメータ表示される．s, t の動く範囲は $s, t \geq 0, \dfrac{1}{3}s + \dfrac{1}{2}t \leq 1$ である．偏微分を計算すると，
$$\frac{\partial}{\partial s}\left(-\frac{1}{3}s-\frac{1}{2}t+1, s, t\right) = \left(-\frac{1}{3}, 1, 0\right)$$
$$\frac{\partial}{\partial t}\left(-\frac{1}{3}s-\frac{1}{2}t+1, s, t\right) = \left(-\frac{1}{2}, 0, 1\right)$$
となる．外積を計算して，
$$\frac{\partial}{\partial s}\left(-\frac{1}{3}s-\frac{1}{2}t+1, s, t\right)$$
$$\times \frac{\partial}{\partial t}\left(-\frac{1}{3}s-\frac{1}{2}t+1, s, t\right) = \left(1, \frac{1}{3}, \frac{1}{2}\right)$$
が得られる．このベクトルの長さを計算すると，$\sqrt{1^2+\dfrac{1}{9}+\dfrac{1}{4}} = \sqrt{\dfrac{36+4+9}{36}} = \dfrac{7}{6}$ となる．したがって，$d\sigma = \dfrac{7}{6}\,dsdt$ となる．S の辺の長さは $\sqrt{10}, \sqrt{5}, \sqrt{13}$ であるから，最大の角度 θ は
$$\cos\theta = \frac{10+5-13}{2\sqrt{50}} = \frac{1}{\sqrt{50}} = \frac{1}{5\sqrt{2}}, \quad \sin\theta = \sqrt{1-\cos^2\theta} = \frac{7}{5\sqrt{2}}$$
を満たす．したがって, S の面積 $= \dfrac{7}{2}$ である．

(1) $I_1 = \displaystyle\iint_S x\,n_1\,d\sigma = \dfrac{6}{7}\iint_S x\,d\sigma$ である．面積分を計算すると, $I_1 =$

$$\iint_{s,t\geq 0,\,2s+3t\leq 6}\left(-\frac{1}{3}s-\frac{1}{2}t+1\right)ds\,dt \text{ となる．ここで，}$$

$$I_1=\int_0^3\left(\int_0^{2-(2s/3)}\left(-\frac{1}{3}s-\frac{1}{2}t+1\right)dt\right)$$

である．内部の積分を計算すると，

$$\int_0^{2-(2s/3)}\left(-\frac{1}{3}s-\frac{1}{2}t+1\right)dt=\frac{1}{4}\left(2-\frac{2s}{3}\right)^2=\left(1-\frac{s}{3}\right)^2$$

である．これを代入して，$I_1=\int_0^3\left(1-\frac{s}{3}\right)^2 ds=\left[-\left(1-\frac{s}{3}\right)^3\right]_0^3=1$ が得られる．

(2) $I_2=\dfrac{7}{6}\iint_{s,t\geq 0,\,2s+3t\leq 6}\left(-\dfrac{1}{3}s-\dfrac{1}{2}t+1\right)ds\,dt=\dfrac{7}{6}$

(3) $I_3=\iint_S n_1\,d\sigma=\dfrac{6}{7}\times S$ の面積 $=3$ である．

(4) $I_4=\iint_{s,t\geq 0,\,2s+3t\leq 6}s\,ds\,dt=\int_0^3\dfrac{s(6-2s)}{3}ds=3$

(5) $I_5=\iint_S xn_3\,d\sigma=\dfrac{3}{7}\cdot\dfrac{7}{6}\iint_{\substack{s,t\geq 0\\ 2s+3t\leq 6}}\left(1-\dfrac{s}{3}-\dfrac{t}{2}\right)ds\,dt=\dfrac{1}{2}$

問題 3.1

まず，$\dfrac{\partial}{\partial x}3x^2y-\dfrac{\partial}{\partial y}(x^2+y^2)=6xy-2y$ だから，グリーンの定理によって，$I=\iint_{\{(x,y)\,:\,x,y\geq 0,\,x^2+y^2\leq 4\}}(6xy-2y)\,dx\,dy$ となる．極座標に変換して，

$$I=\int_0^{\pi/2}\left(\int_0^2 6r^3\cos\theta\sin\theta-2r^2\sin\theta\,dr\right)d\theta=\frac{20}{3}$$

問題 3.2

グリーンの定理によって，I は D の面積の -1 倍である．D の面積は $\int_0^{2\pi}y\,dx=\int_0^{2\pi}(1-\cos\theta)^2\,d\theta=4\int_0^{2\pi}\cos^4\dfrac{\theta}{2}\,d\theta=3\pi$ だから，$I=-3\pi$ である．

問題 3.3

グリーンの定理を用いて $I=\int_0^1\int_0^1\{g_x(x,y)-f_y(x,y)\}\,dx\,dy$ と変形して，f_y,g_x の値を具体的に代入すると，$I=g_x(0,0)-f_y(0,0)=-7$ となる．

問題 3.4
$$I = \iint_\Delta \left(-\frac{\partial f}{\partial y}(x,y) + \frac{\partial g}{\partial x}(x,y)\right) dx\, dy$$
$$= \left(-\frac{\partial f}{\partial y}(0,0) + \frac{\partial g}{\partial x}(0,0)\right) \times \Delta \text{ の面積} = 36$$

問題 3.5
$\ell = 100\pi$, $I = 1250\pi + 1344$

問題 4.1
$\mathrm{div}(\overrightarrow{u}) = 0$

問題 4.2
(1) $\mathrm{div}(\mathbb{A}) = e^x + e^{-z}$, $\mathrm{rot}(\mathbb{A}) = (-1, 0, 0)$
(2) $\mathrm{div}(\mathbb{A}) = 2xy - y^2 - 2yz + 2yz = 0$, $\mathrm{rot}(\mathbb{A}) = (y^2 + z^2, 0, -x^2 - y^2)$
(3) $\mathrm{div}(\mathbb{A}) = 2xy + 2yz + 2xz$, $\mathrm{rot}(\mathbb{A}) = (-y^2, -z^2, -x^2)$
(4) $\mathrm{div}(\mathbb{A}) = 3x^2y - 3xz + 2y$, $\mathrm{rot}(\mathbb{A}) = (3xy + 2z, 0, -x^3 - 3yz)$
(5) $\mathrm{div}(\mathbb{A}) = 6$, $\mathrm{rot}(\mathbb{A}) = \det\begin{pmatrix} \overrightarrow{e_1} & \overrightarrow{e_2} & \overrightarrow{e_3} \\ \frac{\partial}{\partial x} & \frac{\partial}{\partial y} & \frac{\partial}{\partial z} \\ x & 2y & 3z \end{pmatrix} = 0.$
(6) 外積の計算して，$\mathbb{A} = (a_2 z - a_3 y, a_3 x - a_1 z, -a_2 x + a_1 y)$ となる．$\mathrm{div}(\mathbb{A}) = 0$,
$$\mathrm{rot}(\mathbb{A}) = \det\begin{pmatrix} \overrightarrow{e_1} & \overrightarrow{e_2} & \overrightarrow{e_3} \\ \frac{\partial}{\partial x} & \frac{\partial}{\partial y} & \frac{\partial}{\partial z} \\ a_2 z - a_3 y & a_3 x - a_1 z & -a_2 x + a_1 y \end{pmatrix}$$
$$= (2a_1, 2a_2, 2a_3).$$
(7) $\mathrm{div}(\mathbb{A}) = \frac{\partial^2 f}{\partial x^2} + \frac{\partial^2 f}{\partial y^2} + \frac{\partial^2 f}{\partial z^2}$, $\mathrm{rot}(\mathbb{A}) = \det\begin{pmatrix} \overrightarrow{e_1} & \overrightarrow{e_2} & \overrightarrow{e_3} \\ \frac{\partial}{\partial x} & \frac{\partial}{\partial y} & \frac{\partial}{\partial z} \\ \frac{\partial f}{\partial x} & \frac{\partial f}{\partial y} & \frac{\partial f}{\partial z} \end{pmatrix} = 0.$ (ゼロベクトル場)
(8) $\mathrm{div}(\mathbb{A}) = 5yz - 3x^3 + 3y$, $\mathrm{rot}(\mathbb{A}) = (3z, 5xy - 1, -9x^2y - 5xz)$
(9) $\mathrm{div}(\mathbb{A}) = 0$, $\frac{\partial}{\partial x}\left(\frac{\partial F_2}{\partial y} + \frac{\partial F_3}{\partial z}\right) - \left(\frac{\partial F_2}{\partial y} + \frac{\partial F_3}{\partial z}\right)_x$
定義どおり計算すると，

$$\mathrm{rot}(\mathbb{A})$$
$$= \left(\left(\frac{\partial F_2}{\partial y}+\frac{\partial F_3}{\partial z}\right)_x, \left(\frac{\partial F_1}{\partial x}+\frac{\partial F_3}{\partial z}\right)_y, \left(\frac{\partial F_1}{\partial x}+\frac{\partial F_2}{\partial y}\right)_z\right)$$
$$-\left(\frac{\partial^2 F_1}{\partial^2 y}+\frac{\partial^2 F_1}{\partial^2 z}, \frac{\partial^2 F_2}{\partial^2 x}+\frac{\partial^2 F_2}{\partial^2 z}, \frac{\partial^2 F_3}{\partial^2 x}+\frac{\partial^2 F_3}{\partial^2 y}\right)$$

であるが,
$$\mathrm{rot}(\mathbb{A}) = \mathrm{grad}(\mathrm{div}(F_1,F_2,F_3)) - (\Delta F_1, \Delta F_2, \Delta F_3)$$

とまとめてもよい.

(10) $\mathrm{div}(\mathbb{A}) = \cos x - \sin z$, $\mathrm{rot}(\mathbb{A}) = (0,0,0)$

問題 4.3

(1) と (2) においてアとウは存在しない.

(1) イ $\mathrm{div}(\mathbb{F}) = -\sin x$, エ $\mathrm{rot}(\mathbb{F}) = (e^y - 1, 0, 0)$,
オ $\mathrm{grad}(f) = (e^x, -2, e^z)$, カ $g(x) = (2e^x - 2x - 2)^3 e^x \sin x$ より, $m = 7$, $g^{(7)}(0) = 5040$, キ $\Delta f = f + 2y$, ク $\Pi : x - 2y + z = 0$, ケ $\ell : -2x = y = -2z$, コ $d = \dfrac{19}{\sqrt{6}}$

(2) イ $\mathrm{div}(\mathbb{F}) = \sin x$, エ $\mathrm{rot}(\mathbb{F}) = (1, \cos x, 0)$, オ $\mathrm{grad}(f)$
$= (2x, 3y^2 - \sin y, 2z)$, カ $g(x) = (2x^2 + \cos x - 1 + x^3)^3 e^x \sin x$ より,
$m = 7$, $g^{(4)}(0) = 17010$, キ $\Delta f = 6y - \cos y + 4$, ク, ケ, コは存在しない.

問題 5.1

いずれの問題もストークスの定理
$$\int_C \mathbb{A} \cdot d\overrightarrow{r} = \iint_S \mathrm{rot}(\mathbb{A}) \cdot \overrightarrow{n}\, d\sigma$$

を用いる. ここで, S は各問題で与えられている平面における C の内部である. また, $\overrightarrow{n}$ は C を反時計回りに見る法線ベクトルである. さらに, S は x,y 座標を用いて
$$S = \{(x, y, 変数\ x, y\ の\ 1\ 次式) : (x, y) \in D\}$$

とパラメータ付けされる.

(1) $\mathrm{rot}(\mathbb{A}) = (-2y - 2z, -2z - 2x, -2x - 2y)$ で, ストークスの定理より $\displaystyle\int_C \mathbb{A} \cdot d\overrightarrow{r} = \iint_S \mathrm{rot}(\mathbb{A})\overrightarrow{n}\, d\sigma = -\dfrac{4}{\sqrt{3}}\iint_S (x + y + z)\, d\sigma = -12\pi$.

(2) $\mathrm{rot}(\mathbb{A}) = (-1, -1, 1)$ である. $z = \dfrac{1}{3}(x - 24)$ を $z^2 = x^2 + y^2$ に代入すると, $(x-24)^2 = 9x^2 + 9y^2$ である. この等式を整理すると, $648 = 8(x+3)^2 + 9y^2$ であるから,

$$D = \left\{(x,y) \in \mathbb{R}^2 : \frac{(x+3)^2}{81} + \frac{y^2}{72} = 1\right\}$$

となる．ストークスの定理により，(向きを加味して考えて) $I = \iint_S (1,1,-1) \cdot \frac{(3,0,1)}{\sqrt{10}} d\sigma$ となる．これを計算して，$I = \iint_S \frac{2}{\sqrt{10}} d\sigma = \iint_{\frac{(x+3)^2}{81} + \frac{y^2}{72} \le 1} \frac{2}{3} dx\, dy = 36\sqrt{2}\pi$ となる．

(3) $\mathrm{rot}(\mathbb{A}) = (6yz^2 + 2y^3, 0, -2x^2 - 2y^2)$ である．ここで，$z^3 = x^3 + 3x + 3y^2 - 4$ に $z = x - 1$ を代入すると，$x^2 + y^2 = 1$ が得られる．したがって，$D = \overline{B}(\mathrm{O}, 1)$ である．ストークスの定理により，

$$I = \iint_S (6yz^2 + 2y^3, 0, -2x^2 - 2y^2) \cdot \frac{(1,0,1)}{\sqrt{2}} d\sigma$$
$$= \iint_S \frac{-6yz^2 - 2y^3 - 2x^2 - 2y^2}{\sqrt{2}} d\sigma$$

となる．S 上では $z = x - 1$ だから，x, y に関する対称性を考慮して，

$$I = \iint_S (6yz^2 + 2y^3, 0, -2x^2 - 2y^2) \cdot \frac{(-1, 0, 1)}{\sqrt{2}} d\sigma$$
$$= \iint_S \frac{-2x^2 - 2y^2}{\sqrt{2}} d\sigma$$

となる．この面積分を x, y の座標で表して，

$$I = \iint_{x^2 + y^2 \le 1} \frac{-2x^2 - 2y^2}{\sqrt{2}} \cdot \sqrt{2}\, dx\, dy = 4\pi \int_0^1 -r^3\, dr = -\pi$$

となる．

問題 5.2

(1) $a = 1$ である．S の境界 ∂S は $z = 2, x^2 + y^2 = 1$ であるから，$x = \cos\theta, y = \sin\theta, z = 2$ とパラメータ表示できる．ただし，$0 \le \theta \le 2\pi$ である．この変換をもとに $\overrightarrow{s}$ を書き換えると，

$$(2y^3, z^4, x^6) \cdot d\overrightarrow{r} = (-2\sin^4\theta - 16\cos\theta)\, d\theta$$

である．よって，$I = \int_0^{2\pi} (-2\sin^4\theta - 16\cos\theta)\, d\theta = -\frac{3}{2}\pi$

(2) $a = -1 + \sqrt{3}$ である．∂S は $z = 1, x^2 + y^2 = 1$ となり，$x = \cos\theta, y = \sin\theta, z = 1$ とパラメータ表示できる．ただし，$0 \le \theta \le 2\pi$ である．この変換をもとに $\overrightarrow{s}$ を書き換えると，

$$(60x^2 y^3, 19z^4, 48xy + 72y^2) \cdot ds = (-60\cos^2\theta \sin^4\theta + 19\cos\theta)\, d\theta$$

である．よって，$I = \int_0^{2\pi} (-60\cos^2\theta \sin^4\theta + 19\cos\theta)\, d\theta = -\frac{15}{2}\pi$

問題 5.3

(1) ストークスの定理より，$I_1 = \oint_{x^2+y^2=1, z=0} \mathbb{F}(x,y,z) \cdot d\overrightarrow{r}$ と書き換えられる．パラメータ表示 $(x,y,z) = (\cos\theta, \sin\theta, 0)$ を用いて，$I_1 = \int_0^{2\pi} (-\sin\theta \cdot (-\sin\theta) + \cos\theta \cdot \cos\theta)\, d\theta = 2\pi$ が得られる．

(2) ストークスの定理によって，$I_2 = \oint_{x^2+z^2=1, y=0} (2z, xz, x) \cdot d\overrightarrow{r}$ である．パラメータ表示 $(x,y,z) = (\cos\theta, 0, \sin\theta)$ を用いて，$I_2 = \int_0^{2\pi} (2\sin\theta, \sin\theta\cos\theta, \cos\theta) \cdot (-\sin\theta, 0, \cos\theta)\, d\theta = -\pi$ が得られる．

問題 6.1

(1) (a) 楕円放物面と平面で囲まれる領域
　　(b) 発散を計算すると，$\mathrm{div}(\overrightarrow{f}) = \mathrm{div}(y^8, x^8, z) = 1$ となる．ガウスの定理を用いて体積積分に変換すると，
$$I = \iiint_{-3 \leq z \leq -x^2-y^2+1} dx\,dy\,dz$$
となる．さらに極座標に変換して，
$$I = \iint_{x^2+y^2 \leq 4} (4 - x^2 - y^2)\, dx\,dy = 2\pi \int_0^2 (4-r^2) r\, dr$$
となるので，定積分を計算すると，$I = 8\pi$ となる．

(2) (a) 楕円放物面と平面で囲まれる領域
　　(b) 発散を計算すると，$\mathrm{div}(\overrightarrow{f}) = \mathrm{div}(y^8, x^7, z) = 1$ となる．ガウスの定理を用いて体積積分に変換すると，
$$I = \iiint_{z(9z+x^2+y^2-9) \leq 0,\, x^2+y^2 \leq 1} dx\,dy\,dz$$
$$= \iint_{x^2+y^2 \leq 1} \left(1 - \frac{x^2+y^2}{9}\right) dx\,dy$$
が得られる．極座標変換された積分 I を計算すると，
$$I = 2\pi \int_0^1 r - \frac{r^3}{9}\, dr = 2\pi \left(\frac{1}{2} - \frac{1}{36}\right) = \frac{34\pi}{36} = \frac{17\pi}{18}$$
となる．

問題 6.2

ガウスの定理より積分は $\iiint_{-3 \leq z \leq 1-y^2-4x^2} 12\,dx\,dy\,dz$ と変換されるので，この積分を計算して，21π となる．

問題 6.3

$S' = \{(x, y, 1) : x^2 + y^2 \leq 1\}$ とおく．S と S' を合わせてできる図形の内部を D と書く．
$$\iint_S \mathbb{A}(x,y,z) \cdot \overrightarrow{\mathbf{n}}(x,y,z)\,d\sigma + \iint_{S'} \mathbb{A}(x,y,z) \cdot \overrightarrow{\mathbf{n}}(x,y,z)\,d\sigma$$
$$= \iiint_D \operatorname{div}(\mathbb{A})(x,y,z)\,dx\,dy\,dz$$
である．ここで，
$$\iiint_D \operatorname{div}(\mathbb{A})(x,y,z)\,dx\,dy\,dz$$
$$= \iint_{\{x^2+y^2 \leq 1\}} \left(\int_{x^2+y^2}^1 (3x^2 + 3y^2 + 2)\,dz \right) dx\,dy$$
$$= \iint_{\{x^2+y^2 \leq 1\}} (3x^2 + 3y^2 + 2)(1 - x^2 - y^2)\,dx\,dy$$
となる．極座標に変換して
$$\iiint_D \operatorname{div}(\mathbb{A})(x,y,z)\,dx\,dy\,dz = 2\pi \int_0^1 (3r^2 + 2)(1 - r^2)r\,dr = \frac{3\pi}{2}.$$
さらに，
$$\iint_{S'} \mathbb{A}(x,y,z) \cdot \overrightarrow{\mathbf{n}}(x,y,z)\,d\sigma(x,y,z)$$
$$= \iint_{\{x^2+y^2 \leq 1\}} (x^3, y^3, 2) \cdot (0, 0, 1)\,dx\,dy = 2\pi$$
したがって，$\iint_S \mathbb{A}(x,y,z) \cdot \overrightarrow{\mathbf{n}}(x,y,z)\,d\sigma = -\dfrac{\pi}{2}$．

索　引

■ 記号・欧文

2 進正方形　120
2 進立方体　126
$2\pi\mathbb{Z}$　163
3 次行列式　31
C^1-級　14
C^1-級曲線　16
C^1-級閉曲線　16
C_c^∞-級写像　173
$\mathcal{D}_j$　120, 126
$H^0(D)$　172
j 世代の 2 進正方形　120
j 世代の 2 進立方体　126
P → Q　16
$S_j(f)$　121, 127
$s_j(f)$　121, 127
U と V に付随する 1 の分割　174
$\int_C P(x,y)\,dx$　21
$\int_C P(x,y,z)\,dx$　39
$\int_C Q(x,y)\,dy$　21
$\int_C Q(x,y,z)\,ds$　39
$\int_C R(x,y)\,ds$　21

$\int_C (P,Q,R)\,d\vec{\mathrm{r}}$　40
$\int_C P(x,y,z)\,dy$　39
$\int_C P(x,y,z)\,dz$　39
$\oint_C$　40
$\iint_S f(x,y,z)\,d\sigma(x,y,z)$　148
$\iiint_K f(x,y,z)\,dx\,dy\,dz$　127
$\overline{\iiint_K} f(x,y,z)\,dx\,dy\,dz$　127
$\underline{\iiint_K} f(x,y,z)\,dx\,dy\,dz$　127

■ あ

一葉双曲面　44
一様連続性　117
陰関数表示された空間曲線　34
円　9
円周　9
円錐　43
円柱　43

■ か

(開) 円板　10

開集合　107
回転　76
回転数　162
ガウスの発散定理　98, 99
下限　110
過剰和　120, 127
下積分　121, 127
完全微分方程式　159
基本ベクトル　2, 30
球面　42
境界　106
境界点　106
極座標変換　24
局所定数関数　172
曲面積　53, 136
空間極座標　60
空間曲線の接線　38, 39
空間曲線の長さ　37, 130
空間曲面　40
空間図形　30
空間直線　35
空間内の円　36
区間縮小法　111
区分的に C^1-級　14, 16
勾配　74
弧状連結集合　18
子供　179
コンパクト集合　109

■ さ

座標空間　30
座標平面　2
座標平面における円　9
サラス展開　32
三角形の向き　7
上限　110
上積分　121, 127
ジョルダンの曲線定理　170

ストークスの定理　87
正則曲線　17, 34
正則曲面　47
正の向き　7
接平面　47, 49-51
双曲線　37
双曲放物面　46
双対鎖写像の完全性　176

■ た

楕円　37
楕円球　46
楕円放物面　45
特性関数 χ_D　23
凸集合　18

■ は

発散，ダイバージェンス　75
パラメータ付けされた空間曲線　34
半球　42
反復積分　58
半平面　160
表面積　136
不足和　120, 127
二葉双曲面　44
（閉）円板　10
閉集合　19, 108
平面曲線　15
平面曲線に沿った線積分　21
平面曲線の接線　17
平面曲線の長さ　17
平面図形　10
ベクトルの外積　32
偏微分の交換　154
法線　47, 51
放物線　37

■ま

面積分　57

■や

有界　10
有界集合　109

■ら

らせん　36
リプシッツ条件　137
領域　19
両立条件　155
連結準同型　175
連続　116

〈著者紹介〉

澤野　嘉宏（さわの　よしひろ）

略　　歴
1979 年　静岡県清水市（現 静岡市清水区）に生まれる．
2006 年　東京大学大学院数理科学研究科博士課程修了．
学習院大学大学院自然科学研究科助教，京都大学理学部助教を経て，
現　　在　首都大学東京大学院理工学研究科准教授．
　　　　　博士（数理科学）
専門は実関数論，フーリエ解析など．
著書に，『この定理が美しい』（（分担執筆），数学書房，2009），『ベゾフ空間論』（（単独執筆），日本評論社，2011）がある．

数学のかんどころ 25	著　者	澤野嘉宏　ⓒ 2014	
早わかりベクトル解析	発行者	南條光章	
3つの定理が織りなす華麗な世界	発行所	**共立出版株式会社**	
(*Foundation of Vector Analysis* — *a beautiful world created by three great theorems*)		〒 112-8700 東京都文京区小日向 4-6-19 電話番号　03-3947-2511（代表） 振替口座　00110-2-57035	
2014 年 5 月 15 日　初版 1 刷発行			
		共立出版ホームページ http://www.kyoritsu-pub.co.jp/	
	印　刷	大日本法令印刷	
	製　本	協栄製本	
		一般社団法人 自然科学書協会 会員	
検印廃止 NDC 414.7 ISBN 978-4-320-11066-3		Printed in Japan	

JCOPY　＜(社)出版者著作権管理機構委託出版物＞
本書の無断複写は著作権法上での例外を除き禁じられています．複写される場合は，そのつど事前に，(社)出版者著作権管理機構（電話 03-3513-6969，FAX 03-3513-6979，e-mail: info@jcopy.or.jp）の許諾を得てください．

● ここがわかれば数学はこわくない！

数学の かんどころ

《編集委員会》
飯高 茂・中村 滋
岡部恒治・桑田孝泰

数学理解の要点（極意）ともいえる"かんどころ"を懇切丁寧にレクチャー。ワンテーマ完結＆コンパクト＆リーズナブル主義の現代的な数学ガイドシリーズ。【各巻：A5判・並製・税別本体価格】

① 内積・外積・空間図形を通して
ベクトルを深く理解しよう
飯高　茂著・・・・・・・・・・・122頁・本体1,500円

② **理系のための行列・行列式**
めざせ！ 理論と計算の完全マスター
福間慶明著・・・・・・・・・・・208頁・本体1,700円

③ **知っておきたい幾何の定理**
前原　潤・桑田孝泰著　176頁・本体1,500円

④ **大学数学の基礎**
酒井文雄著・・・・・・・・・・・148頁・本体1,500円

⑤ **あみだくじの数学**
小林雅人著・・・・・・・・・・・136頁・本体1,500円

⑥ **ピタゴラスの三角形とその数理**
細矢治夫著・・・・・・・・・・・198頁・本体1,700円

⑦ **円錐曲線** 歴史とその数理
中村　滋著・・・・・・・・・・・158頁・本体1,500円

⑧ **ひまわりの螺旋**
来嶋大二著・・・・・・・・・・・154頁・本体1,500円

⑨ **不等式**
大関清太著・・・・・・・・・・・200頁・本体1,700円

⑩ **常微分方程式**
内藤敏機著・・・・・・・・・・・264頁・本体1,900円

⑪ **統計的推測**
松井　敬著・・・・・・・・・・・220頁・本体1,700円

⑫ **平面代数曲線**
酒井文雄著・・・・・・・・・・・216頁・本体1,700円

⑬ **ラプラス変換**
國分雅敏著・・・・・・・・・・・200頁・本体1,700円

⑭ **ガロア理論**
木村俊一著・・・・・・・・・・・214頁・本体1,700円

⑮ **素数と2次体の整数論**
青木　昇著・・・・・・・・・・・250頁・本体1,900円

⑯ **群論，これはおもしろい**
トランプで学ぶ群
飯高　茂著・・・・・・・・・・・172頁・本体1,500円

⑰ **環論，これはおもしろい**
素因数分解と循環小数への応用
飯高　茂著・・・・・・・・・・・190頁・本体1,500円

⑱ **体論，これはおもしろい**
方程式と体の理論
飯高　茂著・・・・・・・・・・・152頁・本体1,500円

⑲ **射影幾何学の考え方**
西山　享著・・・・・・・・・・・240頁・本体1,900円

⑳ **絵ときトポロジー** 曲面のかたち
前原　潤・桑田孝泰著　128頁・本体1,500円

㉑ **多変数関数論**
若林　功著・・・・・・・・・・・184頁・本体1,900円

㉒ **円周率** 歴史と数理
中村　滋著・・・・・・・・・・・240頁・本体1,700円

㉓ **連立方程式から学ぶ行列・行列式**
意味と計算の完全理解　岡部恒治・長谷川
愛美・村田敏紀著　232頁・本体1,900円

㉔ わかる！使える！楽しめる！**ベクトル空間**
福間慶明著・・・・・・・・・・・198頁・本体1,900円

㉕ **早わかりベクトル解析**
3つの定理が織りなす華麗な世界
澤野嘉宏著・・・・・・・・・・・208頁・本体1,700円

㉖ **確率微分方程式入門**
数理ファイナンスへの応用
石村直之著・・・・・・・・・・・2014年6月発売予定

以下続刊

http://www.kyoritsu-pub.co.jp/
共立出版
価格は変更される場合がございます）

公式Facebook
https://www.facebook.com/kyoritsu.pub